섹스를 아는 순간 사랑이 달라진다!

섹스의 재발견

벗겨봐

실 전 편

양우원 지음

모아북스
MOABOOKS

섹스의 재발견

벗겨봐

실전편

양우원 지음

모아북스
MOABOOKS

꼬리에 꼬리를 물며 펼쳐지는
유쾌한 지식 반전, 벗겨봐 시리즈!

상식의 고수도 말해주지 않는 개념의 의미를 읽는다.

2000년대를 살아가는 현대인은 인류 역사를 통틀어 가장 똑똑한 사람들이다. 과학기술과 의학의 발전으로 지난 시기에 비해 윤택한 삶을 살고 있고, 고등교육이 일반화된 덕에 아는 것도 많아졌다.

우리는 초등학교부터 고등학교 때까지 삶에서 필요한 경제, 문화, 건강과 관련한 거의 모든 지식을 배운다. 하지만 그 지식을 얼마나 잘 써먹는가는 별개의 문제다. 여러분은 어떤가? 학교에서 배운 지식들을 실생활에서 제대로 응용하고 있는가? 무슨 일이 닥쳐도 지금껏 배워온 지식으로 어려움을 이겨낼 자신이 있는가? 이 대답에 '그렇다'고 대답한다면 당신은 대단하다. 대부분은 사회에 나가 실생활에 부닥치면서 지금껏 알고 있던 지식이 '교과서에서 배운 것'에 불과했음을 깨닫게 되기 때문이다.

상식의 껍질을 벗기는 지식의 라이브러리

인간은 무한대로 발전하는 존재다. 지식 면에서도 그렇다. 우리는 얼마든지 박학다식해질 수 있다. 평생교육과 평생지식의 시대, 이제 지식의 업데이트는 삶의 질을 높이는 데 필수불가결한 요소가 되었다.

10년 전에 통했던 대부분의 지식은 오늘날에는 그대로 적용되지 않는다. 주변을 둘러보라. 세상은 끊임없이 변하고, 수많은 가치관과 통념들이 무너지고 있다. 과학자들이 실험을 통해 오류를 고쳐나가고 새로운 발견을 해내듯, 이제 우리도 지식 4.0 시대를 대비해 지식 업데이트를 해야 한다.

재미있고 활용도 높은 벗겨봐 시리즈, 과연 옳은가!

그럼에도 이 시대에도 유효한 진리가 하나 있다면 어떻겠는가? 바로 '아는 것이 힘' 이라는 진리다. 삶이 빡빡하다고 생각하는 당신에게 즐거운 '지식 반전' 을 선사하는 벗겨봐 시리즈는 우리 삶에 가장 가까운 편견 없는 주제들을 통해 새로운 지식의 문을 열어준다. 지금까지 틀에 박힌 상식으로 세상을 대했다면, 벗겨봐 시리즈는 편견을 벗어나 삶과 밀접한 지식을 얻을 수 있는 새로운 기회가 될 것이다. 풍부하고 편견 없는 지식을 가진 사람은 직장생활과 가정생활, 그 외의 수많은 인간관계들 속에서 훌륭하게 어려움을 헤쳐 나간다.

어딜 가도 고리타분한 사람이라는 말을 듣지 않는 사람, 주변 사람에게 즐거움과 지식을 나눠주는 사람을 꿈꾸는가? 그렇다면 벗겨봐 시리즈가 여러분의 곁에서 훌륭한 조언자가 될 것이다.

섹스 잘하고 싶다면 제대로 알자

'행복한 성생활을 영위하는 사람들이 건강하고 오래 산다!'

이제 이러한 상식에 대해 부정하거나 의문을 제기하는 사람은 없을 것입니다. 어느덧 우리나라도 하루가 다르게 서구화되면서 성에 대해 개방적인 사고방식을 가진 젊은 세대가 늘고 있습니다. 성경험을 하는 연령대가 깜짝 놀랄 정도로 어려지고 있을뿐더러 이십 대 청년들도 자신의 성적 욕망에 대해 거리낌 없이 표현하고 결혼 여부와 상관없이 자유로운 성생활을 영위하는 것을 당연시하는 시대가 되었습니다.

외국만큼은 아니지만 여러 방송매체와 프로그램에서 솔직하고 유쾌하게 성 담론을 이야기하고 성적인 농담을 남녀가 함께 즐기는 것이 전혀 이상하거나 불편해 보이지 않습니다. 과거 성에 대해 쉬쉬하고 부끄럽게 여기며 음지의 비밀로만 몰고 가던 사회 풍토와 비교해보면 지금이 훨씬 더 건강하고 건전해 보이는 것만은 사실입니다.

하지만 의외로 많은 사람들이 섹스를 어떻게 해야 할지 잘 모르겠다며 다음과 같이 하소연합니다.

누구나 섹스에 대해 이야기할 수 있는 시대가 되었음에도 성에 대해 꼭 알아야 할 실전 지식에 대해서는 의외로 자신 없어 합니다. 혹은 제대로 알고 있지 못함에도 불구하고 알고 있다고 착각합니다.

'야동'에서, 잡지에서, 인터넷에서 단편적인 지식들을 얻는 사람들이 대부분이지만 성 지식이라는 것을 처음부터 제대로 '학습'해야 할 성인으로서의 기본 교양이자 상식으로 생각해보거나 학습 기회를 가져본 적은 없다는 것입니다.

섹스는 모든 인간의 행복의 원천! 건강하게 학습하면 평생 행복하다

요즘엔 연애하는 법조차도 학원에서 가르쳐준다고 합니다. 마음에 드는 이성에게 말 거는 법, 대시하는 법, 대화하는 법, 자신을 매력적으로 어필하는 법, 특별한 날 연인을 위해 이벤트 하는 법에 이르기까지, 개인의 지극히 사적인 영역으로 여겨졌던 연애에 대해 기초부터 방법을 일러주는 지침서들이 쏟아져 나오고 그에 대해 시시콜콜한 것까지 가르쳐주는 학원들도 우후죽순 생겨서 문전성시를 이룬다는 것입니다.

그렇다면 섹스는 어떨까요? 성에 대해 구세대가 깜짝 놀라 고개를 절레절레 저을 정도로 개방적인 풍토가 되었다고는 하지만, 고교 졸업파티를 가는 아들과 딸에게 부모가 직접 콘돔을 쥐어주거나 섹스의 구체적인 방법과 남녀의 몸에 대해 차근차근 설명한 성 지침서가 10대 청소년들을 위한 필독서로 읽히고 있는 서구권의 성 의식을 따라가기에는 아직 멀어 보입니다.

오르가슴을 느끼지 못해 고민이라는 여성에게 "시집가서 애 두셋 정도 낳고 살다 보면 저절로 알게 돼!"라고 말하거나, 여자 친구와의 첫 섹스에 대해 고민하는 남성에게 "야, 여자란 그저 자빠뜨리고 힘으로 덮치면 돼!"라고 말해주는 것은 이제 아무 도움이 되지 않습니다. 섹스라는 것은 단지 본능적으로 하다 보면 저절로 터득하게 되는 것이 아니라 처음부터 지식을 제대로 알아야 상대방을 더 잘 배려할 수 있고 자기 자신을 더 사랑할 수 있으며 나아가 성인으로서 평생 건강한 삶을 누릴 수 있다는 것에 대해 점점 많은 이들이 공감하고 있기 때문입니다.

연인끼리 부부끼리 알아둬야 할 지침, 그리고 성에 처음 눈뜬 청춘들이 배우는 실전 입문서

섹스에 대해 공부한다는 것은 단순히 테크닉이나 기교를 익히는 것을 의미하지는 않습니다. 섹스를 알기 위해서는 먼저 몸을 알아야 하고, 섹스를 잘하기 위해서는 상대방을 배려하기 위해 어떻게 해야 하는지를 알아야 합니다.

그래서 이 책에서는 섹스에 대해 어떤 것을 왜 학습해야 하는지를 안내하고, 사람들이 흔히 오해하고 있는 잘못된 지식들에 대해서도 차근차근 설명하였습니다. 또한 남성과 여성의 몸의 차이, 그 중에서도 성기와 관련된 기본 지식과 실제 성생활에 있어서 알아두면 좋을 관련 상식들에 대해 소개하였고, 나아가 성인 남녀가 실전 레시피처럼 알아두고 활용할 수 있는 체위법과 구체적인 팁들을 총 망라하였습니다.

성교육이란 단지 십대 청소년들에게 정자와 난자가 만나는 과정에 대해 피상적으로 가르쳐주고 넘어가는 것이 전부가 아닙니다. 정말로 성에 대해 교육받아야 할 대상은 어른들일지도 모릅니다.

성 지식에 목말라하는 혈기왕성한 청춘들부터 오랜 세월 한 이불 덮고 살면서도 정작 제대로 된 섹스가 뭔지 몰랐던 부부들에 이르기까지, 이제는 섹스라는 것이 본능적 충동이나 욕구해소의 수단이 아니라 제대로 알고 제대로 배워야 할 모든 이의 상식임을 알아둬야 할 것입니다. 모쪼록 이 책이 건전한 성문화와 실전 성 지식을 전달하고 안내할 수 있는 또 하나의 징검다리가 되었으면 합니다.

양 우 원

1장

섹스와 사랑, 제대로 알고 있나요?

# 섹스, 잘하고 싶다면 제대로 느껴봐

'사랑에 빠지면 뇌에서 도파민과 노르아드레날린이 분비된다.'

'키스를 자주 하는 사람은 면역력이 높아져 감기에 걸리지 않는다.'

'섹스를 하면 엔도르핀이 분비되어 행복감을 느낀다.'

'규칙적으로 성생활을 하면 행복을 느끼게 하는 천연 진통제와도 같은 호르몬들이 분비되어 젊어지고 건강해진다.'

누구나 한번쯤 위와 같은 상식에 대해 들어봤을 것이다. 사랑에 대해, 키스에 대해, 섹스에 대해, 요즘 사람들은 '막연히' 가 아니라 '왜' 좋은지를 과학적으로 분석하려 하고 기왕이면 제대로 알고 싶어 한다.

섹스에 대해서도 단지 개인의 은밀하고 사적인 영역으로만 치부하여 숨기고 감추는 시대는 지나갔다. '어떻게' 와 '왜' 에 대해 질문하고, 고민을 상담하고, 경험담을 털어놓으며 다양한 지식을 검색하고 싶어 한다.

그럼에도 불구하고 의외로 많은 성인남녀가 섹스에 대해 상당부분 잘 모르거나 잘못 알고 있는 채로 성생활을 하고 있다.

젊은이들의 성문화 자체는 개방적으로 변화하고 있는데 정작 성지식을 배울 수 있는 기회와 통로는 거의 차단되어 있었기 때문이다. 청소년들은 예전보다 신체 발육 상태가 뛰어나고 각종 성인 정보에 어렸을 때부터 노출되어 있어 기성세대와는 비교도 할 수 없을 정도로 조숙해졌음에도 불구하고, 실제로 는 입시와 경쟁 분위기 속에 실전 성교육은 뒷전으로 한 채 성 년을 맞이하게 된다.

제대로 알아야 사랑할 줄 알고 배려할 줄 안다

그러다 보니 사람들이 알고 있는 것과 실전 성생활 사이에서 괴리가 일어나는 경우가 대부분이다.

흔히 우리나라 남성들은 청소년기를 거쳐 성인이 되고 나서 까지 성에 관한 지식을 주로 습득하는 통로가 소위 '야동'이 라고 하는 불법 성인동영상이나 포르노물인데, 남성 소비자를 타깃으로 한 왜곡된 모습들과 과장되게 연출된 장면들만 가득 한 이러한 매체를 통해서는 섹스가 무엇인지를 제대로 배우기 란 거의 불가능하다. 이를 통해 섹스를 욕구 분출을 위한 이기 적인 행위로 인식한 남성들은 실전에서도 여성에 대해 거의 무지한 채로 이기적인 섹스를 하려 든다.

또한 여성들은 성에 대해 여전히 보수적인 기성세대의 가르침 아래 자라나다가 막상 성인이 되어 처음으로 성경험을 하게 될 때 제대로 알고 있는 것이 거의 없다.

그 결과 꽤 개방적인 성생활을 하는 젊은이들조차도 실전에서는 실수를 되풀이하고 자신이 무얼 잘못 하고 있는지조차 깨닫지 못한다. 심지어 피임에 대한 아주 기초적인 상식에 대해서조차 남녀 모두가 잘못 알고 있기도 하고, 자신의 성기가 어떤 구조로 이루어져 있는지도 모르는 여성들이 여전히 대다수를 이룬다.

그래서 요즘 많은 사람들이 다음과 같은 하소연을 하는 모습을 어렵지 않게 볼 수 있다.

"외국어나 요리학원처럼 섹스도 제대로 배울 수 있는 데가 있었으면 좋겠어요."

이러한 학습 욕구는 단지 콘돔 착용하는 방법이나 체위의 종류만을 의미하지 않는다. 그보다 훨씬 더 구체적이고 실제적인 것들, 예를 들어 파트너와 함께 오르가슴에 이르기 위해서는 어떻게 해야 하는지, 상대방을 만족시키기 위해서는 어디를 어떻게 애무해야 하는지, 불쾌하거나 불편할 때는 어떻게 말해야 하는지 등등 그야말로 피부에 와 닿는 실전 지식을 알고 싶다고 말한다.

당신이 알고 있는 것이 진짜 사랑인가요?

섹스에 대한 학습 욕구는 이제 막 성에 눈뜬 청춘남녀만 가지고 있는 것이 아니다. 이미 자녀를 낳고 수십 년 결혼생활을 지속한 부부들도 성에 대해 무지한 것은 크게 다르지 않을지도 모른다. 우리나라의 기성세대들은 섹스라는 단어를 입에 올리기도 어려운 시대를 살아왔기에, 잘 알지 못하고 불만스러워도 꾹 참고 견디는 것이 미덕이었다. 그래서 여성들은 자녀를 출산하고 나서도 평생 오르가슴이 뭔지도 모른 채 살기도 하고 남성들은 아내를 배려할 줄 모른 채 이기적인 섹스를 하거나 심지어 외도나 직업여성을 통해 욕구를 해소하는 것을 당연시하기도 한다. 방송이나 대중매체에서 공공연히 섹스 담론을 이야기하는 사회가 되었지만 정작 자신의 배우자나 연인과 솔직하게 소통하며 상대방을 기분 좋게 하고 배려해주기 위한 실질적인 요령을 아는 사람은 많지 않다.

일찍이 중국의 성 고전서 〈소녀경〉에서는 섹스를 '음양의 감응'으로 정의하면서 '쌍방이 유쾌하고 기뻐야 하는 교합'이라 기술하였다. 그중에서도 '남녀의 성교는 홀로 향하는 배설 욕심이 아니다. 남녀 두 마음이 화합하지 않으면 정기가 감응하지 않는다. 피차 상대방으로 하여금 만족하고 유쾌하게 하는 것이 목적이다.'라고 설파한 대목은 섹스를 잘못 알고 있는 현대인에게 시사하는 바가 매우 크다 하겠다.

아는 만큼 즐길 수 있다

　대개 남성들은 자신이 '섹스를 잘 한다' 혹은 '잘 안다'라고 생각하고 여성들은 '잘 하지 못한다' 혹은 '잘 알지 못한다'라고 생각하는 경향이 있다고들 한다. 하지만 '잘 한다'라고 자신하는 사람들도 알고 보면 잘못된 지식을 알고 있으면서 자신이 능숙하다고 착각하는 경우가 있고, '잘 하지 못한다'라고 의기소침한 사람들도 알고 보면 좀 더 행복한 섹스를 할 수 있는 충분한 준비가 되어 있는 경우가 있다.

　무엇이 좋은 섹스이고 어떻게 해야 상대방이 만족하며 어디를 건드려야 오르가슴이 이르는지를 딱 하나의 이론으로 혹은 몇 줄의 문장으로 딱 잘라 설명하기란 거의 불가능할 것이다. 하지만 왜곡된 정보가 아닌 제대로 된 지식이라면 아는 만큼 자신의 몸을 이해할 수 있고 상대방의 몸과 감정을 배려할 수 있다.

　대부분의 한국 남성들이 섹스에 관한 지식을 주로 성인동영상에서 얻는다는 현실은 성인 성교육 혹은 섹스 학습의 중요성을 역설적으로 보여준다. 많은 남성들이 '나는 많이 알고 있다, 나는 섹스를 잘 한다'고 생각하는 원인이 바로 야동 시청 경험 때문이라 해도 과언이 아니다. 반복된 시청각 학습을 했

24

으니 알 만큼 안다고 생각하는 것이다. 비록 그것이 왜곡된 정보일지언정 말이다.

그러다 보니 정작 성에 대한 진정한 지식을 배우는 것을 게을리 하거나 필요 없다고 생각한다. 문제는 성인동영상에서 배운 것을 실전에서 그대로 써먹어보려 하는 과정에서 발생한다. 배려보다는 정복, 교감보다는 배설이 섹스의 중심이라고 배웠는데 실제 섹스에서는 전혀 다른 상황이 벌어진다. 소위 '깃발만 꽂으면' 전부인 줄 알았는데 그때부터 남자와 여자의 트러블이 본격적으로 시작되는 것이다.

섹스는 '깃발 꽂기'가 아니라 '함께 가는' 과정이다

반면 여성들은 왜곡된 정보건 제대로 된 정보건 성을 배우는 기회가 남성들보다 훨씬 적은 것이 대부분이다. 그래서 자신이 무엇을 알고 있고 무엇을 모르고 있는지조차도 자세히 알지 못한다. 혹은 여기저기서 조금씩 얻은 정보가 섹스의 전부인 줄 안다.

남성이 애무를 제대로 하지 못했거나 충분한 전희 없이 삽입하면 여성이 통증을 느끼거나 오르가슴을 느끼지 못하는 게 당연한데도 여성 자신에게 문제가 있어서라고 생각하기도 한다. '막연히 좋은 느낌'과 '오르가슴'의 차이를 정확히 알지

못하거나 혼동하거나 착각하고, '나는 원래 불감증이야' 라고
단정 짓기도 하고, 불만이 있어도 상대방에게 털어놓지 못하
고 혼자 끙끙 앓기도 한다. 설상가상으로 남자가 '이렇게 하면
모든 여자들은 좋아하게 되어 있는데 너는 왜? 라고 하는 말을
그대로 믿어버리기까지 한다.

부연 설명을 하자면 유독 우리나라 여성들은 자신이 불감증
환자라고 생각하며 섹스를 기피하거나 두려워하거나 막연한
콤플렉스를 갖고 있는 경우가 많은데, 실제로 산부인과 전문
의가 진단을 했을 때 신체상 혹은 건강상 불감증이라고 진단
을 내릴 수 있는 케이스는 실제로 흔하지는 않다고 한다. 대부
분은 심리적인 요인, 그것도 무지 혹은 잘못된 지식으로 인한
오해에서 비롯된다.

남자와 여자의 다름을 알아야 한다

섹스를 배운다는 것은 '여자를 뿅 가게 하는 테크닉' 을 익히
는 것이 아니다. 물론 테크닉도 중요하고 스킬도 알아야 하겠
지만 섹스라는 것이 사람과 사람 사이의 소통 과정의 하나로
이해한다면 섹스를 학습한다는 것도 결국은 사람을 이해하고
사람과 몸으로 커뮤니케이션을 하기 위한 여정이라는 것을 이
해할 수 있을 것이다.

사회생활의 여러 기술 중 화법을 익힌다고 했을 때 단순히 말을 어떻게 하고 어떤 단어를 구사해야 하는지 외우는 것을 넘어 다른 사람과 소통하고 대화하는 방법을 배워서 타인을 이해하고 자신을 이해시키는 과정을 통합적으로 익히는 것을 의미할 것이다. 마찬가지로 섹스도 궁극적으로는 남성과 여성이 서로 다르다는 것을 근본적으로 이해하는 데서 배움이 시작되어야 한다.

아무리 테크닉과 기교를 많이 안다 하더라도 상대방의 기분과 상태를 배려하려는 태도가 동반되지 않는 한 즐거운 섹스를 진행할 수는 없다. 성적인 쾌감이란 결과물이 아니라 과정을 의미하는 것이며, 둘 중 어느 한쪽만이 아니라 두 사람이 함께 교감하여 하나가 되어가는 매 순간을 뜻한다. 즉 정상을 몇 시간 만에 정복했느냐 아니냐가 중요한 것이 아니라 정상까지 가는 산책길을 얼마나 음미하고 즐겼느냐가 관건이다.

남자가 여자를 완전히 이해할 수 없고 여자가 남자를 완전히 이해하지 못하기에 더더욱 소통이 중요하다. 동물 세계에서 섹스가 번식을 위한 생식과정일 뿐이지만 인간에게는 유독 쾌락의 끝없는 원천이자 갈등의 가장 큰 원인이기도 한 이유다. 그래서 행복한 삶에 있어서 건강한 성생활이 중요하며, 건강한 성생활을 위해서는 몸으로 소통하고 즐기는 법을 아는 것이 중요하다.

왜 섹스가 지루해질까?

우리나라 성인남녀의 성관계 평균 횟수와 성생활 만족도가 전 세계 평균에 훨씬 못 미친다는 것은 여러 통계를 통해 잘 알려져 있다. 노년이 되어서도 부부관계를 지속하는 것을 당연시하는 선진국 여러 국가와 달리 한국에서는 성을 건강하게 받아들이지 못하는 사람들이 많다.

청년들의 성은 왜곡된 정보들로 얼룩져 있고, 중년층의 성은 음지로 숨어버리며, 노년의 성은 아예 터부시된다. 그러다 보니 젊었을 때는 본능적인 혈기에 의해 섹스를 즐기던 사람들도 나이가 들면 섹스를 멀리하거나 남 몰래 숨겨야 하는 그 무엇으로 여긴다.

섹스는 평생 지속적으로 파트너와 함께 배워나가는 과정에서 새로운 즐거움을 만끽할 수 있는, 어찌 보면 신이 인간에게만 부여한 큰 축복임에도 불구하고 유독 우리나라 사람들은 그러한 건강한 쾌락을 충분히 영위하지 못한다. 사람들이 제대로 된 성생활을 만끽하지 못하고 고갈시키는 원인에는 다음과 같은 것들이 있다.

성생활을 망치는 요인 1 : 잘못된 콤플렉스

한국 남성들이 평생에 걸쳐 유난히 신경 쓰는 것 중 하나가 바로 '정력'이다. '정력을 좋게 하는 음식' 혹은 '정력제'에 대한 집착이 지나치다 보니 그것이 정말로 의학적으로 증명된 것인지 아닌지는 뒷전이다. 정력과 더불어 남자들을 괴롭히는 것들은 바로 자신의 성적 능력에 대한 콤플렉스이다. 그중에서도 '내 페니스가 남들보다 작은 것이 아닌가?'에 대한 소위 '대물 콤플렉스' 그리고 '고개 숙인 남자'라고 표현하는 '조루 콤플렉스' 등이 있다.

실제로 여성들은 남성이 얼마나 강하고 센가 하는 것보다는 사랑받는 느낌과 배려해주는 태도에서 감동 받는다. 남성의 페니스가 얼마나 큰가 하는 것보다는 자신과 얼마나 잘 맞는 가에 대해 더 신경 쓰고, 얼마나 깊이 삽입했는가보다는 여성의 쾌감 포인트를 자극하는 각도와 감도를 중시한다. 그럼에도 불구하고 남성들은 정력이 '세야' 하고 페니스가 '커야' 한다는 강박관념에 끝없이 시달린다.

또한 남성은 나이나 건강상태를 막론하고 누구나 일시적 발기부전이나 조루 현상을 겪을 수 있는 것임에도 불구하고 그러한 현상들을 병적으로 두려워하는 경향이 강하다. 실제로 우리나라 남성들이 겪는 성기능장애의 상당수는 심리적 위축감과 스트레스 때문이라는 것이 전문가들의 공통적인 소견이

다. 섹스에 대한 이와 같은 강박관념과 초조함은 결국 성생활
의 즐거움을 저해하는 큰 원인이 된다.

성생활을 망치는 요인 2 : 무지

  남성들이 성에 대한 콤플렉스를 많이 가지고 있다면 여성들
은 성에 대해 너무 모르고 있거나 잘못 알고 있는 경우가 많다.
여성들의 무지는 단순히 무지로 끝나는 것이 아니라 자기 비
하나 자책감, 혹은 자기혐오로 이어지기도 한다.
  그러한 대표적인 예로 거론되는 것이 자신의 몸에 대한 무지
다. 예를 들어 많은 여성들은 자신의 성기가 어떻게 생겼는지
제대로 알지 못한다. 자신의 성기 구조와 역할에 대해 잘 알아
야 한다는 가르침을 받지 못하며 자라다 보니 무조건 숨겨야
하고 감춰야 하고 수치스러워해야 하는 것으로 인식한다. 성
인이 되어서도 자신의 성기를 제대로 본 적이 없거나 볼 생각
을 아예 하지 못하는 여성들도 많고, 막상 보게 되었을 때 자연
스럽다고 느끼는 것이 아니라 못생기거나 혐오스럽다고 느끼
기도 한다. 특히 자신의 성기를 더럽다고 생각하며 부정적 인
식을 갖는 여성들도 있는데, 실제로 여성의 성기는 인체의 그
어떤 부위보다 깨끗한 곳으로서 절묘한 정화 및 청결 시스템
에 의해 유지되는 소중한 기관이라는 의학적 진실과 매우 동

떨어진 사고방식이다.

자기 몸에 대한 무지와 더불어 우리나라 여성들의 건강한 성생활을 방해하는 커다란 요인 중 하나가 자책감이다. 예를 들어 남자가 일시적으로 발기가 잘 되지 않는 상황이 발생했을 때 의외로 많은 여성들이 그것을 자기 탓이라고 자책하며 스트레스를 받는다. 자신이 매력적이지 않아서, 자신의 몸매가 별로여서, 상대 남성이 자신을 별로 사랑하지 않아서라고 생각한다. 이 모든 것이 섹스를 두 사람의 상호작용이 아니라 어느 한쪽의 잘못 때문이라고 생각하는 무지의 결과일 것이다.

성생활을 망치는 요인 3 : 이기적인 섹스

건강하고 즐거운 섹스를 방해하는 모든 요인들은 알고 보면 서로 밀접하게 연관되어 있다. 섹스를 야동으로 배운 남성들은 힘과 크기와 속도와 정력이 전부인 줄 알기에, 실제 섹스에 있어서도 여성을 배려하지 않은 이기적인 섹스를 하게 된다.

그 결과 여성의 몸이 얼마나 열렸는지를 고려하지 않은 채 삽입해버리고, 여성이 얼마나 만족하고 있는가와 상관없이 욕구를 해소하듯 사정해버리는 사태가 벌어진다. 여성이 무엇을 원하는지를 미처 생각하지 못한 채 포르노에서 본 행위를 일방적으로 강요하거나 여성을 도구 취급하기도 한다. 자기만의 속도로 일방통행을 해버리고는 상대 여성이 당연히 오르가슴에 올랐을 거라고 생각하고, 상대방이 거부하는 체위들을 '실험' 하기도 한다.

이와 같은 남성의 일방성과 이기심 못지않게 여성의 태도가 일조하는 경우도 허다하다. 정작 여성의 입장에서는 만족을 전혀 하지 못했거나 쾌감이 아닌 통증을 느꼈거나 속으로 거부감이 들었음에도 불구하고, 상황에 의해 어쩔 수 없이, 혹은 싫은데도 꾹 참고 남자의 요구에 따르기도 한다. 사실은 무엇을 어떻게 거절해야 하며 거절할 때 어떤 요령으로 의사표현을 해야 하는지조차 모르는 것이다.

섹스는 일방통행이 아닌 양방향 통행이며, 혼자 벽에 공을 치는 것이 아니라 상대방과 지속적으로 주고받는 페어플레이임을 알아야 한다. 상대방을 관찰하고 기분을 고려해야 할 뿐만 아니라 내가 원하는 바와 상대방이 원하는 바에 대해 끊임없이 소통을 해야 한다. 혼자 이끌어가는 섹스가 아니라 두 사람이 함께 해야 하고, 홀로 승리감에 도취되는 것이 아니라 상호 간에 만족감과 자신감을 심어줄 수 있어야 할 것이다.

섹스를 맛깔나게 하는 말,
베드토크는 이렇게

요즘 젊은이들의 연애 트렌드를 단적으로 상징하는 유행어가 있다. 바로 '썸을 탄다'는 표현이다. 남녀 간에 '썸씽(something)이 있다'는 말에서 파생된 것으로 보이는 이 표현은 아직 본격적으로 연인이 되기로 합의하지 않은 남녀 간의 은근한 밀고 당기기, 혹은 아슬아슬한 줄다리기 같은 심리를 가리킨다. 그러니까 소위 썸을 타는 중인 남자와 여자는 상대방에게 딱 부러지게 고백을 하거나 딱 잘라 거절을 하지는 않은 상태로서 애매모호한 감정 그 자체를 즐기는 경향이 있다는 얘기다.

하지만 섹스에 있어서도 과연 이러한 모호함이 득이 될까? 사실 섹스의 커뮤니케이션을 방해하고 불통을 만드는 주범이 바로 애매모호한 태도 혹은 '말하지 않는 것'일지도 모른다. 상대방이 원하는 것을 살펴보지 않고 내가 원하는 것과 원하지 않는 것을 정확히 표현할 줄 모르는 데서 모든 남녀의 섹스 트러블이 싹트기 때문이다.

표현할 줄 아는 남녀가 섹스도 행복하다

섹스는 상대방의 기호와 스타일을 잘 알면 알수록 즐거워진다. 체위와 애무 테크닉과 오르가슴에 이르는 방법과 지식을 아는 것만큼이나 중요한 게 바로 상대방의 속마음을 아는 것이다. 소통이 중요한 것은 어떤 분야라도 마찬가지이지만, 유독 섹스에 있어서만큼은 표현하지 않는 것을 미덕으로 아는 사람들이 많다.

남자와 여자는 몸이 다르고 쾌감의 과정도 다르다. 예로부터 동양에서는 음양오행을 기반으로 하여 남자는 불, 여자는 물의 성질이 있다고 비유하였다.

남자가 흥분에서 사정에 이르는 과정은 불과 같아서 마치 불이 타오르다 꺼지는 것처럼 급격히 발기했다가 사정과 함께 급격히 쇠퇴하고, 여성의 몸은 마치 물이 천천히 끓었다가 식는 것처럼 서서히 데워졌다가 식을 때도 시간이 걸린다는 것이다. 남녀의 조화는 불과 물이 어울리는 것과 같다고 할 수 있을 정도로 그 성질이 서로 다르다.

남녀가 이토록 다르기 때문에 자신이 원하는 것과 싫어하는 것에 대해 입을 다물 경우 상대방을 이해하기가 거의 불가능해진다. 더구나 섹스는 어느 한 가지의 테크닉이나 방법이 모든 여자, 모든 남자에게 똑같이 적용되는 것이 아니기 때문에 항상 오해가 생기고 불협화음이 생긴다.

무엇보다도 우리나라, 그리고 대부분의 동양권 남성들은 섹스에 있어서 여성의 거부 의사를 있는 그대로 받아들이지 못하는 문화를 가지고 있다. 여성이 '싫다'고 하는데도 '거절은 승낙의 전초전이다' 혹은 '여성의 거부의사를 있는 그대로 받아들이면 안 된다'는 철저한 믿음을 가지고 있는 것이 문제다.

침대를 뜨겁게 하는 베드토크 요령은?

흔히 이탈리아 남성들이나 라틴계 남성들은 여성을 유혹하는 기술이 뛰어나다고 알려져 있다. 이에 대해 우리나라 남성들은 그들의 잠자리 기술이 뛰어나다, 혹은 그들의 물건 크기가 크다는 뜻으로 오인하곤 한다. 하지만 여성을 즐겁게 하는 중요한 요인은 테크닉이나 크기보다는 '말'이다. 이성에게 어떻게 말하고 어떤 말을 하느냐에 따라 섹스의 즐거움이 좌우된다고 해도 과언이 아니다. 그렇다면 섹스를 하면서 무슨 말을 어떻게 해야 할까?

첫째, 상대방의 장점을 부각시키고 칭찬을 아끼지 마라.

남성들은 자신의 페니스에 대해 콤플렉스를 가진 경우가 많고, 여성들은 자신의 외모에 대해 콤플렉스를 갖고 있는 경우가 많다. 특히 여성들은 자신이 뚱뚱하다고 생각하거나 배가 나온 것 같아 신경을 쓰거나 가슴이 작아 상대방이 실망할까 봐 섹스에 집중하지 못하기도 한다. 그런 경우 자신이 상대방을 얼마나 섹시하게 느끼고 있는지를 이야기하고 상대방의 특징적인 장점을 찾아내어 칭찬하고 부추기는 말 한 마디가 심리적 안정감을 준다.

둘째, 평소보다 자극적인 표현을 즐겨라.

평소에는 너무 야하거나 유치해서 하지 않던 표현이라도 섹스 할 때는 매우 효과적인 경우가 많다. '맛있다' 와 같이 음식에 비유한 표현, '너무 좋아', '미칠 것 같아' 와 같은 단순하고 과장된 표현, '당신이 나를 흥분시켜' 와 같은 비일상적인 표현이 침대의 분위기를 한 순간에 바꿔준다.

셋째, 좋을 때의 피드백을 확실히 표현하라.

지금 이 순간 자신이 얼마나 즐기고 있는지를 확실히 이야기하는 것이 좋다. '거기를 해주니 너무 좋아', '지금 이 자세가 딱 좋아' 와 같은 구체적인 표현들과 피드백은 상대방으로 하여금 자신의 성감대와 성적 취향을 알 수 있게 해준다. 또한 상대방이 애무를 해줄 때 조용히 있지 않고 적극적으로 반응을 보이며 탄성을 지르면 상대방에게 동기부여와 적극성, 자신감을 심어주게 되어 있다.

넷째, 싫을 때는 은근히 돌려 말해라.

상대방이 뭔가 잘못된 방법으로 하고 있을 때 무안하지 않도록 의사를 솔직하게 표현하는 요령을 아는 것도 매우 중요하다. 불만을 꾹 참고 있는 한 상대방은 영영 눈치 채지 못할 수도 있다. 상대방이 서투르게 하고 있거나 엉뚱한 곳을 공략하고 있다면 "거기 아니야."라는 표현보다 '거기보다 좀 더 위쪽을 만져주면 더 좋아' 라든가 '천천히 하는 게 더 좋아' 와 같이 돌려 말해보자. 좋고 싫음을 솔직하게 이야기할수록 '테크닉'도 발전할 수 있다.

다섯째, 귓가에 속삭여라.

성적인 쾌감을 높여주는 여러 가지 요소 중 빼놓을 수 없는 것이 청각적 자극이라고 한다. 귓가에 속삭이는 상대방의 목소리가 섹스를 더 황홀하게 한다.

새로워질수록 뜨거워진다

2000년 가까운 역사를 갖고 있는 인도 성애술의 고전 〈카마수트라〉는 19세기 말 서양에 처음으로 알려진 이후 현대인에게 여전히 회자되고 있는 스테디셀러이다. '올가미' 체위, '집게' 체위, '나무' 체위, '사랑에 빠진 참새' 체위 등 다양한 체위에 대한 설명과 그림으로도 유명한 이 고전에는 체위뿐만 아니라 이성을 선택하는 법, 남녀의 도리, 최음제 만드는 법, 남녀가 다툴 때 대처법, 구강성교 방법 등 성문화에 대한 광범위한 내용이 수록되어 있다. 이미 수천 년 전부터 인간의 삶에 있어 섹스가 본능 이상의 중요한 문화적 의미를 지니고 있었음을 알 수 있다.

다양한 체위나 섹스 기법에 관한 문헌 중 또 하나 빼놓을 수 없는 것이 바로 중국의 고전 성의학서 〈소녀경〉일 것이다. 이 문헌에는 소위 방중술이라 일컫는 섹스 지침들과 함께 요즘의 현대인들도 비슷하게 즐기고 있는 체위들이 소개되어 있다. 그러나 옛 사람들이 중요시한 것은 단지 성적 쾌락만이 아니라 융합과 조화였다. 〈소녀경〉에서는 성기능 강화를 통한 음양의 조화와 건강 및 장수를 강조하였는데, 남녀의 융합을 통하여 근기, 관절, 혈행, 장기의 각 부위, 여성의 자궁, 신경 등

갖가지 기능을 강화시켜 질병을 낮게 하고 무병장수하는 삶을 살 수 있다고 하였다.

섹스는 평생에 걸친 배움의 대상이다

그만큼 섹스는 고대부터 현대까지 모든 인간이 평생에 걸쳐 배우고 학습하고 고민하고 탐구해야 하는 영역이기도 하다. 그러나 옛 사람들의 통찰과 깨달음에 비해 현대인들의 섹스는 지나치게 기교 중심적이거나 동물적 배설에만 치우치고 있는 측면이 있다. 이는 포르노 같은 일부 왜곡된 매체 때문이기도 하겠지만 섹스를 배움의 대상으로 여기지 않기 때문일지도 모른다.

대개 연인관계나 부부관계에서도 상대방에 대해 다 안다고 생각하는 순간부터 소통이 막히고 불신이 싹튼다. 아무리 가까운 사이라 하더라도 다른 사람을 완벽하게 아는 것은 불가능하기 때문이다. 마찬가지로 섹스에 대해서도 '나는 이러이러한 기술을 이만큼 알고 있다' 고 자만하고 더 이상 알려 하지 않는 순간부터 이기적인 섹스를 하게 된다. 또한 연인이든 배우자든 현재의 파트너가 갖고 있는 성적 취향이나 성향에 대해 다 안다고 생각하는 순간부터 점차 매너리즘에 빠질 위험이 크다.

　성숙한 성생활을 영위하는 사람들일수록 섹스에는 고정불변의 법칙이 없다고 이야기한다. 아무리 성경험이 많다 할지라도 성감대의 부위나 오르가슴에 이르는 방법이 사람마다 기계처럼 똑같은 것이 결코 아니다. 또한 아무리 최고의 섹스를 나눴던 상대방이라 하더라도 늘 똑같은 방식의 섹스는 지루함을 낳고 불통을 만든다. 경험상으로 혹은 이론상으로 아무리 많이 알고 있다 하더라도 언제든 변할 수 있다.

늘 새로운 성생활을 하기 위해서는?

　상대방에 대한 신뢰와 안정감 속에서도 늘 새로운 섹스를 하기 위해서는 다음을 기억해야 할 것이다.

첫째, 어제의 성감대가 오늘은 아닐 수도 있다.

　아무리 사랑하는 사이라 하더라도 같은 패턴이 항상 되풀이되면 긴장이 풀리고 지루해져 애정이 식는 것처럼 느껴진다. 두 사람 사이의 관계가 비슷한 패턴으로 반복될 때 이를 흔히 '권태기' 라고 표현하는데 이것은 심리적 관계뿐만 아니라 육체적 관계에 있어서도 마찬가지다. 예를 들어 연애 초반이나 신혼 때 눈만 마주쳐도 달아오르다가 점점 무덤덤해지고 마침내 세월이 지나자 섹스리스 커플이 되는 것이 당연하다고 여기지만, 어쩌면 당연한 것이 아니라 게으르기 때문일지도 모른다. 관계 초반에 성감대였던 부위라 할지라도 늘 같은 곳만 공략하면 더 이상 아무 것도 느껴지지 않을 수 있고, 늘 즐겨하던 체위라 할지라도 언젠가는 전혀 새로운 체위를 원할 수도 있기 때문이다. 따라서 애무하는 방법, 체위, 성감대, 성적 취향과 습관에 대해 늘 낯설게 생각하고 새로운 시도를 하는 것이 중요하다.

둘째, 항상 색다름을 추구하라.

흔히 권태기에 빠진 커플이나 부부의 경우 집이 아닌 호텔에 가거나 낯선 여행지에 가는 것만으로도 전혀 새로운 분위기를 만들 수 있다. 결국 두 사람의 관계 자체가 문제라기보다는 관계를 새롭게 환기시킬 방법을 찾으려 하지 않는다는 것이 문제다.

셋째, 새로운 성적 판타지에 대해 이야기를 나눠라.

모든 사람에게는 섹스에 대한 자기만의 은밀한 판타지가 있다. 상대방을 속속들이 알고 있다고 자신할지라도 어쩌면 내가 상상도 못할 만큼 엉뚱한 판타지를 몰래 품고 있을 수도 있다. 그런 것들에 대해 솔직하게 이야기를 나누고 자유롭게 소통할수록 섹스도 날마다 새로워질 수 있다.

삶의 질을 높여주는 행복한 섹스는 상대방에 대한 믿음과 배려, 그리고 끊임없이 업그레이드되는 새로움에서 시작된다. 결국 섹스란 두 사람의 몸과 마음의 소통이자 '합'이며 평생에 걸쳐 지속되어야 하는 배움의 대상이다.

섹스토이도 활용하기 나름

섹스토이를 판매하는 성인용품점이 음침한 이미지로 인식되어온 우리나라와는 달리, 일본이나 미국 등 외국에서는 섹스토이에 대한 일반인들의 인식도 훨씬 긍정적이고 실제로 섹스토이를 침실에 두고 일상적으로 사용하는 성인남녀의 비율도 무척 높은 편이다. 섹스토이는 자위할 때, 혹은 함께 섹스 할 때 색다른 자극을 주는 용도로 쓰이는 다양한 종류의 섹스 보조도구를 가리킨다. 남녀가 함께 사용하면 단조롭고 권태로운 성생활을 하던 커플에게 활력소가 되어주기도 한다.

최근에는 우리나라도 온라인 성인용품점이 늘어나면서 섹스토이에 대한 관심이 커지고 있는데, 실리콘 등 인체에 무해한 소재로 되어 있고 안전기준을 통과한 위생적인 제품인지 꼼꼼히 체크한 후 구매하는 것이 좋다. 꼭 섹스토이가 아니더라도 윤활제나 오일을 사용하는 사람들도 늘고 있다. 섹스토이에는 다양한 종류가 있지만, 대개 여성용으로는 딜도와 바이브레이터(전기 진동기)가, 남성용으로는 페니스링과 여성 성기 모양의 자위기구가 대표적이다.

대표적인 섹스토이의 종류는?

딜도

남성 페니스 모양의 삽입용 도구. 주로 질 안에 삽입하는 용도로 쓰이는데, 클리토리스 자극 장치가 달린 것, 진동이 되는 것, 리모컨이 있는 것, 돌기가 있는 것 등 종류가 다양하다. 딜도는 기원전 고대 이집트나 중국의 유물에도 등장하는 유서 깊은 섹스 도구로 점토나 사기, 가죽, 나무 등 다양한 소재가 사용되었다.

바이브레이터

삽입보다는 클리토리스 자극 용도로 쓰이는 도구로, 여성이 자위할 때 혹은 남성이 여성의 성기를 애무할 때 보조적으로 쓰인다. 삽입을 하더라도 질 입구에만 살짝 넣는 정도다. 사용할 때는 진동을 너무 세지 않게 한 상태에서 클리토리스에 직접 대지 않고 근처를 부드럽게 자극해야 한다. 페니스 모양, 에그(달걀) 모양, 막대모양, 립스틱 모양, 휴대용 등 용도와 모양, 크기가 매우 다양하다.

핸드잡

남성용 섹스토이로서, 대개 여성의 성기 모양으로 만들어져 있으며 자위용으로 쓰인다.

페니스링

남성용 섹스토이로서, 귀두 아래에 끼워 발기를 강화시키는 도구. 여성의 클리토리스를 자극하는 것, 귀두에서 고환까지 씌우는 것 등 다양한 종류의 제품들이 있다.

최초의 바이브레이터는 정신과 치료도구였다?

바이브레이터는 전기가 발명된 이후 19세기 영국에서 발명되었다. 그런데 처음 발명되던 당시에는 섹스토이가 아니라 여성의 정신과 질환을 치료하기 위한 의료기구였다는 사실!

19세기 말 영국 빅토리아 시대는 아직까지 여성의 자유를 몹시 억압하던 사회였고 여성에게 성욕이 있다는 사실 자체를 인정하지 않던 보수적인 시대였다. 그런데 이 시기 영국 여성들의 상당수가 '히스테리' 라는 병을 앓았는데, 이 병은 여성이 극도의 감정적인 불안 증세를 겪다 실신하거나 통증을 겪거나 신체가 마비되는 질환이었다.

당시 의사들은 이 병의 원인을 여성의 자궁 때문이라고 진단하고 독특한 치료법을 개발했는데, 의사가 여성의 성기를 애무하는 방법이었다. 우선 여성 환자가 병원에 가서 오늘날의 산부인과 의자 같은 곳에 누우면, 칸막이 너머에서 남성 의사가 직접 손으로 여성의 클리토리스와 질을 마사지한 것이다. 이렇게 마사지를 하면 여성이 오르가슴에 이르러 경련을 하게 되는데, 당시에는 이것을 오르가슴 반응이라 생각하지 못하였다.

이 치료법이 소문이 나자 병원은 문전성시를 이뤘는데, 의사가 손을 사용해 수많은 여성 환자들의 질을 마사지하는 중노동에 시달리다 손목 마비 증상이 오게 되었다. 그러자 의사는 전기를 사용해 진동이 되는 의료기기를 발명하기에 이르는데 이것이 오늘날의 바이브레이터의 시초이다. 영화 〈히스테리아〉(타니아 웩슬러 감독)는 이 바이브레이터의 탄생 이야기를 코믹하게 다룬 작품이다.

20세기가 되자 바이브레이터는 소형의 가정용 기구로 대량생산되어 기혼 여성들의 미용기구로 사용되었고, 이후 20세기 말에는 미국 등 서구사회에서 가장 보편적인 섹스토이로 인기를 끌었다. 특히 세계적인 인기 드라마 〈섹스 앤 더 시티〉의 주인공이 극중에서 바이브레이터를 사용하는 장면이 나오면서 여성들의 각광을 받았다.

2장

잊어서는 안 될 정교한 섹스 상식

잘하고 싶다면, 제대로 알자! 남녀의 그곳

→ 남성의 성기와 여성의 성기가 구체적으로 어떻게 구성되어 있는지는 성인이라면 누구나 알아야 할 상식이다. 성기의 구조와 특성을 제대로 아는 것은 섹스의 기본이자 출발이며 좀 더 즐겁고 건강한 성생활을 하기 위한 몸의 지도와도 같다. 상대방의 신체 구조를 아는 것뿐만 아니라 자기 자신의 몸의 구조를 제대로 아는 것이 무엇보다 중요하다.

[남성의 성기]

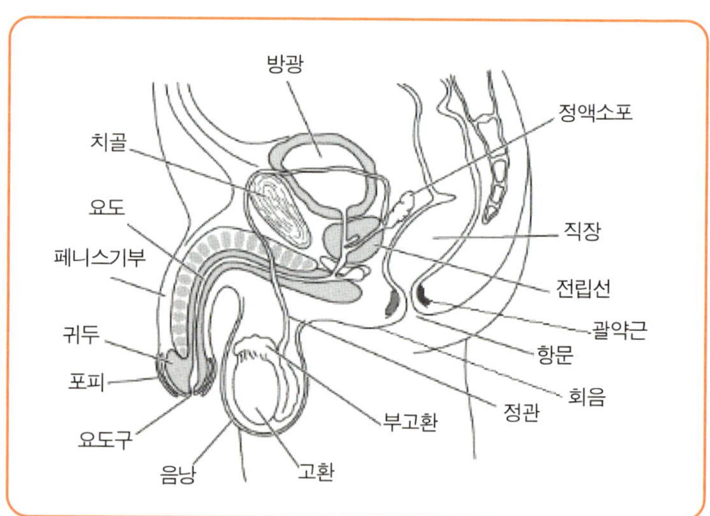

페니스

- 귀두 : 요도해면체가 원형으로 확대된 곳이며, 2,500개 이상의 신경말단이 집중되어 있어 자극에 가장 예민한 부위.

- 포피 : 귀두 보호 역할을 하는 곳.

- 포피소대 : 귀두 아래쪽에서 포피까지 연결되는 부위. 여성의 클리토리스에 해당될 정도로 성적 자극에 민감하다.

- 페니스의 색은 개인에 따라 연분홍색에서 짙은 갈색까지 다양하며, 흥분 및 발기 시에 충혈 되면서 색이 더 짙어진다.

음낭

- 페니스 아래에 있는 주머니.

- 안쪽은 막에 의해 좌우로 분리되어 있음.

- 사람마다 형태, 색깔, 크기가 다양함.

고환

- 음낭 안에 있는 타원형 기관.

- 한국 성인 남성의 평균 고환 무게는 10g(19ml) 내외.

- 남성 호르몬인 테스토스테론 및 매일 1억 5,000개 가량의 정자를 생산.

- 더울 때는 이완되어 늘어지고 추울 때는 수축함.

- 고환은 체온보다 낮은 온도가 유지될수록 정자 생산이 원활해진다.

요도

- 귀두 입구에서 정액과 소변을 배출하는 곳.

회음

- 음낭과 항문 사이 지점으로, 음낭으로부터 이어진 회음선이 중앙에 있음.
- 신경말단이 집중되어 있어 자극에 예민함.

정액

- 전립선과 정낭에서 생성되어 사정 시 분출되는 회색 혹은 노란색의 액체.
- 약간의 점성이 있으며, 너무 물처럼 묽은 경우 전립선 관련 질환이나 성병 때문일 수 있다.
- 우윳빛의 정액과 투명한 전립선 액이 섞여 있다.
- 1회 사정 시 평균 6ml 정도(1/2~1티스푼 정도)의 정액이 분출된다.
- 분출 시 흘러내리거나 간혹 20cm 이상 분사되는 경우도 있다.
- 자위를 여러 번 했을 경우 양이 줄어들 수도 있고 사정을 오랜만에 했을 경우 양이 늘어날 수도 있지만 곧 평균 양으로 되돌아온다.
- 미세한 특유의 금속 맛과 냄새가 나는 액체로서, 섭취한 음

식에 따라 맛은 조금씩 달라진다. 과도한 흡연과 음주, 마늘이나 양파 등 향이 강한 음식, 고기나 유제품 등을 섭취한 경우 정액의 맛이 더 나빠진다.

- 정액 1티스푼 당 약 6억 개 이상의 정자가 있으며 정자는 72시간~1주일까지 여성의 질에서 생존할 수 있다.

※ 치구(스메그마)란?

포경수술을 하지 않은(=포피를 잘라내지 않은) 경우, 귀두와 포피 사이에 치즈 같은 분비물이 끼는 것을 가리킨다.

※ 쿠퍼액이란?

전립선 아래에 있는 호르몬 분비선인 쿠퍼선(Cowper's gland)은 영국인 의사의 이름을 딴 것으로, 남성이 사정하기 전 오르가슴에 오르고 있을 때 요도를 통해 투명하고 진득한 소량의 액체(쿠퍼액)를 분비한다. 몇 방울에 불과한 적은 양이지만 정자가 들어있으므로 이 액으로도 임신이 가능하다.

페니스는 왜 사람마다 크기가 다를까?

페니스의 크기는 주로 유전의 영향에 좌우되는 것으로, 태아 때 유입된 호르몬(테스토스테론)의 양에 따라 결정된다.

왜 다른 사람 페니스는 내 것보다 더 커 보일까?

모든 남성들은 본능적으로 자신의 페니스의 크기를 다른 사람과 비교하는 경향이 있는데, 대개 다른 사람의 페니스는 정면으로 보이는 반면 자기 페니스는 위에서 아래로 내려다보기 때문에 실제보다 조금 작아 보이는 착시현상을 일으킨다.

페니스 크기와 성적 능력은 비례할까?

의학적인 관점에서 볼 때 발기 시 길이가 4cm만 넘으면

남성으로서의 생식기능에 지장을 주지 않는다고 진단한
다. 또한 실제적으로 여성이 성적 쾌감을 느끼는 부위는
질 깊숙한 곳이 아니라 질 입구 1/3 부위에 한정되어 있기
때문에, 단지 페니스가 작다고 하여 여성에게 오르가슴을
줄 수 없는 것은 아니다. 성적 능력과 페니스 크기가 비례
한다고 여기는 것은 어디까지나 남성들의 심리적 문제일
뿐이다.

발기해도 커지지 않는 페니스가 있다?

블러드페니스(blood penis) 유형의 경우 발기 시 해면체
가 확대되어 평소의 2배 가까이 커지는 반면, 미트페니스
(meat penis) 유형의 경우 평상시와 발기 시의 크기가 거
의 비슷한 경우도 있다.

뚱뚱한 남자는 페니스가 정말 작을까?

뚱뚱한 사람의 경우 페니스의 아래쪽 일부가 배의 지방
속에 묻히게 되어, 마른 사람에 비해 작게 보일 수 있다.

페니스 크기를 키우는 방법이 있을까?

페니스와 치골을 연결하는 인대를 잘라 뿌리를 바깥으로 뽑아내어 페니스가 좀 더 커보이게 하는 성기확대수술이 있지만 발기 시 페니스가 부러지거나 조준 능력이 떨어지는 등 각종 부작용이 있을 수 있어 성생활에 직접적인 도움이 된다고는 하기 어렵다. 신체 다른 부위의 체지방을 페니스에 이식하는 방법도 있는데, 시술 직후에 일시적으로 굵어 보이기는 하나 지방으로 인해 표면이 울퉁불퉁해질 수 있고 시간이 지나면 원래 크기로 돌아갈 가능성이 크다.

그 밖에 펌프를 사용해 페니스에 혈액을 인위적으로 유입시키는 방법도 있으나 사정을 방해는 단점이 있다. 흔히 '민간 시술'의 일환으로 페니스에 구슬, 파라핀 등을 주입해 굵게 만드는 남성들이 있었으나 오히려 발기 시 혈류를 차단하여 발기부전의 원인이 되기도 하고 무엇보다도 비위생적인 불법 시술로 인해 시술 부위 주변에 심각한 염증이 생기거나 영구적으로 성적 능력을 상실하는 경우가 많으므로 절대 하지 말아야 한다.

포경수술은 꼭 해야 할까?

포경이란 귀두가 포피에 덮여 있는(폐쇄=closure=포경(包莖)) 상태를 뜻하는 것으로, 포경수술이란 포피를 귀두 위로 잡아당겨 절개한 후 접합하는 수술을 뜻한다. 포경수술 여부는 각 국가의 관습과 문화에 따라 다르고 개인의 선택이기도 하므로 반드시 해야 하거나 하지 말아야 한다는 원칙은 없다. 포경수술 여부가 발기력이나 성생활에 더 좋고 나쁜 영향을 끼치는 것도 아니다. 포경수술을 하지 않은 경우에는 발기했을 때 혹은 포피를 잡아당겼을 때만 귀두가 보인다. 그래서 포경수술을 하지 않은 남성은 귀두와 포피에 염증이 잘 생기고 치구가 지속적으로 생길 수 있으며, 청결 관리를 잘 하지 않아 염증이 만성적으로 지속되면 페니스의 염증(귀두염)이나 성병 감염, 혹은 암(음경암)이 발생할 수도 있으므로 평소에 포피 아래 틈새에 이물질(치구)이 끼지 않도록 잘 씻는 습관을 들여야 한다. 유대인들이 종교적인 이유로 신생아에게 포경수술을 해주는 것을 '할례'라고 하는데, 통계적으로 유대인의 음경암 발생률이 적다고 알려져 있다.

정액에서는 왜 밤꽃 냄새가 날까?

정액 특유의 비릿한 냄새, 일반적으로 밤꽃 냄새와 비슷한 독특한 냄새는 전립선 액의 냄새이다. 전립선은 항문에 손가락을 넣었을 때 직장 앞쪽에 위치한 기관이며, 사정액의 1/3은 전립선 액으로 구성되어 있다. 전립선 액은 알칼리성으로서 산성 성분이 강한 여성의 질 안에 정자가 들어갔을 때 생존할 수 있는 환경을 만들어준다.

수면 중 발기 현상은 왜 일어날까?

'새벽에 서지 않는 남자에게는 돈도 꿔 주지 말라' 는 속설처럼, 남성의 새벽 발기 및 수면 중 발기는 지극히 정상적인 현상이다. 잠자는 도중 페니스가 발기하는 이유는 산소가 든 혈액이 공급되기 때문이다. 수면 중 발기 현상은 하룻밤에 평균 3회에서 5회 정도 일어나며 30분 정도 지속된다. 발기부전을 진단할 때 수면 중 발기를 기준으로 삼기도 하는데 수면 중 발기 현상이 일어나면 발기부전의 원인이 심리적인 문제 때문인 것으로 보고, 수면 중 발기 현상이 일어나지 않으면 발기부전의 원인이 신체적인 문제 때문인 것으로 본다.

헐렁한 트렁크 팬티가 남성 건강에 좋은 이유는?

원래 고환은 체온보다 섭씨 3-4도 정도 온도가 낮은 상태가 유지되어야 한다. 음낭의 주름은 열을 발산시키는 역할을 하며 더울 때 축 늘어지고 추울 때 몸통 쪽으로 오그라들어 자동으로 온도를 조절해준다. 이와 같은 인체 고유의 온도 조절 기능을 유지하려면 페니스와 고환을 압박하는 꼭 끼는 팬티보다는 헐렁하고 통기성 좋은 팬티가 건강에 유익하다.

정액에 피가 섞여 나오면 병일까?

가끔씩 코피가 날 때가 있듯이 페니스도 가벼운 염증으로 인해 정액에 피가 섞여 나올 수도 있다. 정액에 피가 섞여 나오는 '혈정액증'은 대개는 저절로 낫는 가벼운 질환인 경우가 많은데 증상이 계속될 때는 다른 원인이 있을 수 있으므로 검사를 받도록 한다.

[여성의 성기]

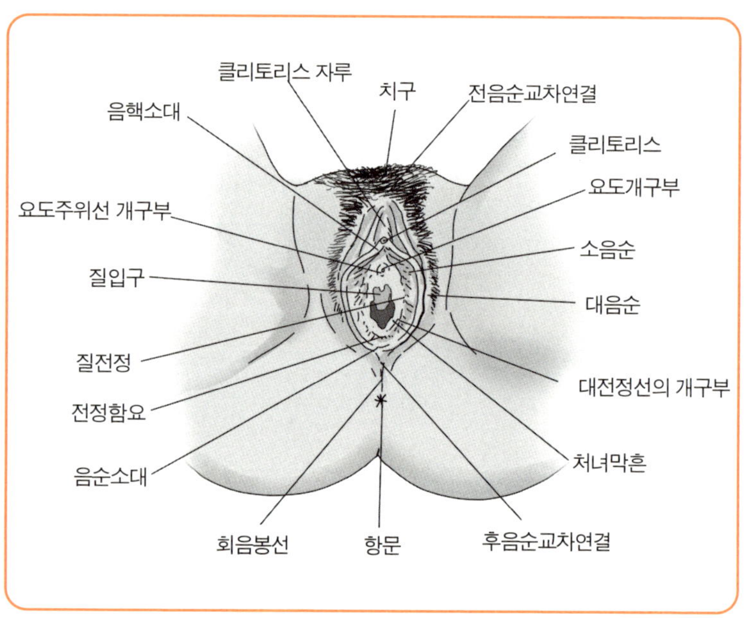

대음순

- 음부 바깥쪽의 음모가 나 있는 부드러운 곳.

- 지방 분비선과 땀샘이 모여 있음.

소음순

- 대음순 안쪽에 한 쌍의 입술처럼 접혀 있는 부위.
- 클리토리스, 요도, 질구를 감싸고 있음.
- 사람마다 모양과 색깔이 천차만별로서 대칭과 비대칭, 매끈한 경우와 주름진 경우, 부드러운 경우와 울퉁불퉁한 경우, 안쪽에 가려져 있는 경우와 대음순 바깥으로 나온 경우 등 매우 다양하다. 소음순의 모양과 색깔, 색소 침착의 정도는 성관계 경험 횟수보다는 유전적, 선천적 요인으로 인한 것이다.
- 신경다발이 모여 있어 자극에 예민하며, 성적 흥분 시 충혈되어 색이 짙어지거나 부풀어 오른다.

음순 소대

- 질구 아래 소음순 안쪽의 부드럽고 예민한 부분.

포피

- 소음순 바깥쪽 가장자리에서 클리토리스를 보호하는 덮개 부분.
- 오르가슴 직전에 음핵(클리토리스 머리)이 포피 안으로 숨는다.

음핵(클리토리스)

- 8,000개 이상의 신경말단이 몰려 있어 자극에 가장 예민한 부분. (귀두의 경우 2,500개)

- 여성의 성적 쾌감(오르가슴)의 핵심이 되는 곳.

- 성적 흥분 시 혈액이 몰리면서 페니스가 커지듯 커진다.

- 세부적으로는 머리와 몸체(다발)로 구성되어 있다. 클리토리스 머리는 덮개(포피)로 보호되어 있으며, 자극에 민감하여 과도하게 마찰할 경우 통증을 느끼게 된다. 클리토리스 몸체 혹은 다발은 음순 안쪽과 질구로 이어지는 조직 전체를 일컫는다.

- 실제로 여성의 질 깊은 곳에는 말초신경이 거의 없기 때문에, 여성의 성적 흥분에 관여하는 핵심 부위는 질 안쪽이 아니라 클리토리스이다.

회음

- 항문과 질구 사이 부분. 성적 흥분 시 혈액이 몰려 예민해짐.

질

- 약 12cm 정도 길이의 관으로서, 구멍 형태가 아니라 근육으로 이루어진 관의 형태임.

- 성적 흥분 시 자궁이 위쪽으로 물러나며 페니스의 크기에

따라 유연하게 늘어남.

※ 여성의 애액은 2가지?

 - 완전한 오르가슴을 느끼기 전 혹은 평소에 분비되는 액 : 여성의 질에서 분비되는 점성 있는 흰색의 액으로서, 약산성을 띠어 외부 세균의 감염을 방지해준다. 배란기에 분비량이 증가한다.

 - 완전한 오르가슴에 도달했을 때 분비되는 액 : 요도 안(여성전립선)에서 분비되는 액으로 남성 전립선에서 분비되는 액과 성분이 비슷하다.

처녀에겐 처녀막이 있다? 없다?

처녀막은 외부 성기와 내부 성기를 구분하는 질 입구의 얇은 주름을 일컫는 것으로, 실제로는 완전히 막혀 있는 '막'의 형태가 아니라 신축성 있는 틈의 형태이다. 첫 성관계 시 출혈 유무 및 통증의 정도는 사람마다 다른 것으로서, 출혈 여부에 의해 성관계 경험 여부(순결 여부)를 구별하는 문화는 의학적으로는 전혀 근거가 없는 것으로 밝혀졌다. 성관계가 아니더라도 운동이나 자극에 의해 쉽게 손상될 수 있으며, 손상 여부를 깨닫지 못하는 경우도 많다. 반면 출산 경험이 다수 있는데도 처녀막이 손상되지 않은 경우도 있다. 처녀막이라는 명칭은 의학적 오해를 야기한다는 점에서 점차 폐기되는 추세다.

처녀막이 질 입구를 막고 있는 처녀막 폐쇄 질환이 있는 경우 생리혈이 배출되지 않고 고여 복통과 염증을 유발할 수 있으며 이 경우 외과적 시술로 처녀막을 제거해야 한다.

처녀막 재생수술을 하면 좋을까?

처녀막 재생수술은 질 입구에 인위적인 막을 만들어 넣어 성관계 시 약간의 통증과 출혈을 유발하는 간단한 성형수술이다. 임신, 출산 등에 아무 영향을 끼치지 않는 일종의 미용수술에 가까운 것으로, 진정한 처녀막의 의미를 안다면 결혼 전에 꼭 필요한 것은 아니나 단지 개인의 선택일 뿐이다.

냉이 많이 분비되면 이상이 있는 것일까?

질 분비물을 뜻하는 냉은 여성의 정상적인 생리적 현상이다. 어느 정도의 냉 분비는 병이 아니지만 평상시와 달리 양이 많아지는 증상은 냉 대하증이라고 부른다. 분비물 양이 갑자기 많아지거나 색이 갈색 등으로 진해졌거나 냉에서 평소와 다른 악취가 나는 경우 자궁경부 쪽에 염증이 원인일 수 있다. 따라서 냉의 점도와 양과 냄새에 변화가 생겼다면 반드시 산부인과에 가서 검사를 받아보는 것이 좋다. 또한 성 경험이 있는 성인 여성이라면 정기적으로 자궁경부암 검진을 받아야 한다.

질 분비액에서 냄새가 나는 건 정상일까?

여성의 질은 꼭 성적으로 흥분한 상태가 아니라도 외부 자극에 의해 분비물을 내보낸다. 이는 외부에서 침투한 박테리아를 제거하기 위한 과정이다. 질 분비물의 냄새와 맛은 섭취한 음식이나 약물에 따라 달라지는데, 갑자기 냉이 많아지거나 냄새가 평소와 달리 심해졌을 경우 질염 등 염증 질환이 원인인 경우가 많다. 남성의 정액은 강한 알칼리성이고 여성의 질은 산성인데, 여성의 질 내에 정액이 들어가면 일시적으로 질 내 산성도의 균형이 깨지게 되고, 질의 알칼리도가 높아져 박테리아 활동에 유리해질 경우 질염 등이 발생할 수 있는 것이다. 그러나 질염은 항생제 등으로 간단히 치료할 수 있고, 여성의 신체 면역력이 정상적이라면 질 내 산성도도 다시 균형을 되찾는다.

여성청결제(질 세정제)로 매일 질 세척을 하는 것이 좋을까?

청결에 신경을 쓰는 것은 좋지만 가장 바람직한 방법은 물로 씻는 것이다. 여성의 성기는 항상 적당한 산성으로 유지가 되어야 하고 몸을 보호하는 균이 적정량 존재해야 하는데, 비누나 여성청결제로 질 내부까지 너무 자주 과하게 세척을 할 경우 몸에 이로운 균까지 없애고 질의 산성도의 균형을 깨트려 오히려 세균감염과 염증에 취약해질 위험이 있다.

지스팟은 대체 어디일까?

- 1944년 독일의 산부인과 의사 에른스트 그라펜베르크 박사가 그 존재를 주장하고 자신의 이름의 첫 알파벳(G)을 따 명명하면서 알려졌다.
- 궁극의 여성 오르가슴을 일으키는 부위로서 그 존재 여부가 논란을 일으켜 왔다. 지스팟을 자극하여 오르가슴에 이르는 여성은 30%도 되지 않는다는 주장도 있으며, 개인에 따라 존재하지 않는 부위라고도 한다.
- 구체적으로는 요도 아래에 있는 질 벽을 가리킨다. 질 입구에서 복벽(방광 쪽)을 향해 3~5cm 정도 깊이에 있는 해면조직으로서 이곳을 자극할 경우 소변이 나올 듯한 느낌을 받으며 성적 흥분을 유발하게 된다. 여성이 삽입형 생리대를 넣을 때와 같이 검지 손가락을 넣고 위쪽 천장으

로 구부릴 때 자극되는 부위이다.

- 이 조직은 요도를 둘러싸고 있으며 표면에는 수많은 분비선이 있어 성적 흥분 시 충혈되며 경우에 따라 여성 사정액을 생산하기도 한다.

- 해부학적으로는 클리토리스의 뿌리 부분에 해당되는 곳이다.

- 여성 전립선이라고 부르거나, 한 지점(스팟)이 아니라 부위라는 뜻에서 G-zone(지-존)이라 일컫는 경우도 있다.

질의 위치는 사람마다 다를까?

여성의 질은 아래쪽(항문과 가까운 쪽)에 있는 경우와 위쪽에 있는 경우로 나뉜다. 사람마다 골반 구조가 다르기 때문에 질의 위치도 달라지는 것으로서, 대개 동양 여성은 아래쪽에, 서양 여성은 위쪽에 위치한 경우가 많다.

오르가슴에 이르는 과정

→ 오르가슴의 의학적 의미는 '성교 시 쾌감이 증가하다 극점에 도달한 상태'이다. 일반적으로 남성은 오르가슴을 향한 상승과 하강의 곡선이 가파른 데 반해 여성은 완만한 곡선을 그리며, 남성이 여성에 비해 단순한 경향이 있다. 질 좋은 섹스는 오르가슴에 이르는 과정에 있어서의 남녀 차이를 잘 이해하고 상대방을 배려하는 데서 출발한다.

[남성의 경우]

① 흥분

- 혈액순환이 활발해지고 맥박이 빨라지며 호흡이 가빠지기 시작한다.
- 페니스에 혈액 공급량이 늘어나 귀두부터 색이 짙어진다.
- 페니스가 고환에서 분리되어 발기하기 시작한다.

② 발기

- 페니스 전체에 혈액이 최대한 유입되어 색이 짙어지고 단단해진다.

- 맥박수, 호흡수, 혈압이 더욱 올라간다.

- 혈액 유입 및 압력 증가로 페니스가 완전히 발기한다.

- 페니스의 포피가 뒤로 젖혀진다.

- 고환이 팽창하면서 몸통 쪽으로 바싹 붙는다.

- 경우에 따라 사정 직전의 분비물이 물방울 형태로 분비되는 누정 현상이 일어난다.

- 사정 직전에 분비되는 맑은 쿠퍼액에도 정자가 들어있다.

③ 절정

- 혈압과 맥박이 최고조에 이른다.

- 페니스가 최대한 발기한 후, 페니스 뿌리 및 골반 근육이 수축하며 요도를 통해 정액을 밀어내 분출시킨다.

④ 해소

- 호흡 및 맥박수, 혈압이 원 상태로 돌아오고 근육의 긴장이 해소된다.

- 페니스가 무력해지며 자극에 전혀 반응하지 못하는 불응기(무반응기)에 돌입한다.

남성을 흥분시키는 성감대는?

- 유두 : 남성의 대표적인 성감대. 손끝으로 애무하거나 키스한다.

- 배꼽 아래에서 페니스 사이 : 본격적으로 페니스를 애무하기 직전, 배꼽에서 페니스 사이를 간질이거나 핥는다.
- 회음부 : 손가락으로 지그시 누르는 자극을 반복하면 강한 쾌감을 느낀다.
- 엉덩이 : 움켜쥐거나 간질이듯 애무한다.

[여성의 경우]

① 흥분
- 호흡수, 심박수가 증가한다.
- 골반과 성기 부위로 혈액 유입이 증가한다.
- 전신의 피부가 자극에 예민해진다.
- 가슴이 커지고 유두가 꼿꼿해진다.
- 질에서 윤활액이 분비되어 젖기 시작한다.
- 음순이 충혈되고 부풀며 클리토리스 머리가 포피 밖으로 나온다.
- 자궁이 위쪽으로 올라간다.

② 고조
- 호흡수, 혈압, 심박이 고조된다.
- 전신 근육이 긴장한다.

- 소음순이 충혈되고, 클리토리스가 부풀고 단단해지며 평평해진다.
- 질 입구는 좁아지고 질 내부는 확장된다.
- 자궁이 반복적으로 수축된다.

③ 절정

- 질, 괄약근, 자궁 근육이 강하게 수축되며 오르가슴을 느낀다.
- 자궁과 질 내부 근육, 괄약근이 강한 수축을 반복한다.

④ 해소

- 전신 근육의 긴장이 해소된다.
- 자궁, 질, 클리토리스가 원래 상태로 돌아간다.
- 남성의 경우 자극에 반응하지 않는 무반응기를 거치는 반면, 여성의 질은 원 상태로 돌아오기까지 10분 이상의 시간이 걸린다. 따라서 자극이 주어지면 다시 연속으로 오르가슴 과정이 시작될 수 있다.

여성을 애무할 때는?

- 주변부터+감질나게+천천히
: 의외로 많은 남성들이 '젖가슴 주무르기와 유두 자극하기 → 질 만지기 → 곧바로 삽입' 이라는 단조로운 패턴을 애무의

전부인 줄로 안다. 그러나 이러한 단순한 애무는 여성의 흥분을 오히려 저하시킨다. 처음에는 직접적인 성감대가 아닌 그 주변부터 천천히, 마치 약 올리듯이 감질나게 다가갔다 물러나는 것을 반복해야 한다. 본격적으로 삽입하기 전에 페니스 귀두 부분을 클리토리스 주변이나 소음순 주변에 원을 그리듯 마찰시키는 등 간접적인 자극이 도움 된다.

 - 여성의 엉덩이는 남성에게 가장 큰 시각적, 촉각적 쾌감을 주는 부위이다. 삽입 후 두툼한 부분을 움켜쥐듯 붙잡거나, 좌우로 벌리거나, 흥분이 고조되고 있을 때 손바닥으로 찰싹 때리면 더욱 자극적이다.

돌아눕는 남자 vs 아쉬운 여자, 남녀의 '스너글 갭'이란?

오르가슴 직후 남성의 성기는 불응기에 돌입하여 어떠한 자극에도 반응하지 못하며 일정 시간 휴식을 원한다. 반면 여성의 성기는 연속적인 자극에 의해 다시 오르가슴에 이를 수 있으며, 긴장이 해소되는 시간도 남성보다 오래 걸린다.

그 결과 남성은 사정 후 곧바로 잠이 들거나 휴식을 원하는 반면, 여성은 후희나 포옹 등 완만하고 지속적인 자극을 원하는 경우가 많다. 이처럼 남성과 여성이 오르가슴 후 서로 다른 신체적, 정서적 반응을 보이는 차이를 일컬어 스너글 갭(snuggle gap)이라 일컫는다.

성 의학 전문가들에 따르면 남성의 성적 문명화 혹은 성적 성숙도 여부는 오르가슴 직후의 태도를 통해 판별할 수 있다. 즉 섹스 직후 곧바로 등을 돌리거나 잠자리에서 빠져나가거나 잠드는 남성보다는, 여성을 배려하여 포옹하거나 가벼운 대화나 후희를 나눌 줄 아는 남성이 성적으로 문명화되고 문화적으로 성숙한 남성이라 할 수 있다.

여성의 멀티 오르가슴이 가능한 경우는?

멀티 오르가슴이란 한 번이 아닌 여러 차례에 걸쳐 롤러 코스터처럼 연속적으로 오르가슴을 경험하는 것을 일컫는다. 단, 여성이라 할지라도 클리토리스 자극으로 인한 오르가슴의 경우에는 일정 정도 이상의 계속적인 자극은 통증을 일으키게 되어 휴식기를 필요로 하게 된다. 반면 질 자극으로 인해 오르가슴에 이르렀을 경우에는 연속적인 자극으로 인한 멀티 오르가슴이 얼마든지 가능하다. 흔하지는 않지만 클리토리스를 자극하여 예민해졌을 때 질을 자극하는 것을 반복할 경우 클리토리스와 질에서 동시에 오르가슴을 느끼는 '블렌디드 오르가슴' 을 경험할 수도 있다.

섹스 직후 왜 소변이 마려울까?

남녀가 섹스 직후에 요의를 느껴 화장실에 가고 싶은 이유는 신진대사가 평소보다 왕성해졌기 때문이다. 섹스 시 혈액순환이 활발해지고 신장의 순환 기능도 활성화되므로 방광이 금세 소변으로 채워지게 된다.

민망한 질 방귀는 왜 나올까?

섹스 도중 여성의 질에서 나오는 질 방귀는 때로 민망한 분위기를 만들어 여성이 얼굴을 붉히기도 한다. 이는 남성의 페니스가 삽입될 때 공기가 함께 들어왔기 때문이다. 또한 삽입섹스 시에는 여성의 질이 평소보다 유연하게 확장되기 때문이기도 하다. 특히 후배위를 지속하거나 여성의 골반이 바짝 긴장되어 있을 때 공기가 들어가면 질 방귀 현상이 나타날 수 있는데, 지극히 정상적인 현상이므로 부끄러워하지 않아도 된다.

윤활제를 사용하면 페니스 삽입 시 질 내부에 공기가 들어가는 것을 줄일 수 있으며, 한 가지 체위만 하는 것보다 여러 체위로 바꿔서 진행하면 질 내부 압력이 낮아져 질 방귀를 줄일 수 있다. 일반적으로 후배위보다는 여성상위 체위를 할 경우 질 방귀가 덜 생긴다.

복상사는 왜 일어날까?

성관계 도중 혹은 성관계 후 자다가 갑자기 사망하는 '복상사'는 돌연사의 한 종류로서 통계상 돌연사 원인 중

1퍼센트 정도를 차지한다. 심혈관계 질환 및 고혈압을 지병으로 갖고 있는 환자에게서 발생 확률이 높은 것으로 알려져 있다. 여성보다 남성이 많으며 연령대와는 큰 관계가 없다. 우리나라와 일본에서는 '복상사', 중국에서는 '색풍(色風)', 미국에서는 'sweet death', 영국에서는 'saddle death(=말 안장. 말을 타다 죽는다.)' 라고도 한다. 삽입 전에 전희를 충분히 하고, 서두르지 않으며, 남성상위보다 여성상위 체위를 하면 복상사를 예방할 수 있다.

# 절대 피해야 할 최악의 침대 매너

여성에게 절대 해서는 안 될 남성의 행동

- 애무 과정을 거의 생략하고 여성의 질이 조금만 젖었다 싶으면 곧바로 삽입하는 행동

→ 여성의 질은 꼭 성적 흥분이 아니더라도 외부의 물리적 자극에 의해 반사적으로 애액을 분비할 수 있다. 여성의 질이 젖자마자 삽입하려는 조급증을 버려야 한다.

- 섹스 초반부터 다짜고짜 페니스를 여성의 입에 갖다 대거나, 여성의 머리를 아랫도리에 갖다 대는 행동

→ 거의 모든 여성들이 심한 모욕감을 느낀다.

- 펠라티오를 해주고 있던 그녀에게 아무런 예고나 양해도 구하지 않고 입 안에 사정하는 것

→ 남성의 정액을 삼키는 것은 어떤 여성에게든 고역이다. 그럼에도 불구하고 여성이 남성의 정액을 기꺼이 삼켜줬다면 그것은 남성에 대

76

한 배려이자 애정에서 비롯된 것일 뿐 정말 맛이 있어서 삼키는 것은 아니다. 굳이 여성의 입 안에 사정하고 싶다면 미리 허락을 받는 것이 최소한의 예의다.

- 힘자랑하듯 처음부터 끝까지 격렬한 피스톤 운동만 하다 끝내는 것

→ 섹스에 서툰 남성일수록 단조로운 피스톤 운동만 한다.

- 사정 후 여성에게 "좋았어?"라고 묻는 것

→ 여성이 정말 좋았다면 묻지 않아도 알 수 있을 것이다. 수많은 설문 조사에 의하면 대부분의 여성들이 남성의 이 질문을 싫어하거나 난감해 한다.

- 침대에서 다른 여자 이야기를 하며 비교하는 것

→ 아무리 다시는 안 만날 원나잇스탠드 상대라 하더라도 지금 자신과 침대 위에 있는 여성에게 다른 여자 이야기를 하는 것은 최악의 매너이다.

- 사정하자마자 벌떡 일어나 욕실로 가거나 곯아떨어지는 행동

남성에게 절대 해서는 안 될 여성의 행동

- 남성의 페니스 사이즈를 비웃는 말 혹은 노골적인 표정을 짓는 것

- 남성의 발기가 잘 되지 않을 때 짜증내는 것

- 남성의 발기가 잘 되지 않을 때 과장되게 괜찮다고 위로하는 것

서도 안 되지만 그렇다고 과장되게 위로하거나 괜찮다는 말을 반복해서 해주는 것도 그리 큰 도움은 안 된다. 차라리 이런 건 별로 신경 쓰이지 않는다는 듯 남성의 다른 부위를 계속해서 애무해주는 것이 낫다. 이때 어떻게 해서든 세우겠다는 태도로 페니스만 공략하는 것보다는 페니스와 조금 떨어진 부위를 애무하며 주의를 분산시키는 것이 나을 때가 많다. 만약 계속해서 발기가 잘 되지 않는다면 남성의 손을 클리토리스 쪽으로 이끌어 애무를 유도하는 등 당장의 삽입이 아니어도 얼마든지 즐거운 시간을 보내고 있다는 여유로운 태도를 보이는 것이 낫다.

- 펠라티오 직후 곧바로 입에 키스하는 것

→ 많은 남성들이 여성이 펠라티오를 해줄 것은 간절히 원하면서도 자신의 페니스 맛을 직접 보는 것은 꺼린다. 펠라티오 후에는 남성의 다른 신체 부위를 여러 차례 키스하거나 시트 등에 닦은 다음 입에 키스하는 것이 낫다.

- 인위적인 신음소리를 과장되게 지르는 것

→ 여성의 비음 섞인 적절한 교성은 남성을 흥분시키게 마련이지만, 그렇다고 해서 전혀 쾌감을 느끼지도 못했는데 인위적인 티가 나는 신음소리를 단조롭게 질러주는 것도 오히려 감흥을 떨어뜨린다.

- 다른 남자와의 경험이나 추억을 이야기하며 비교하는 것

애무에 관한 의외의 키워드8

키스

남녀가 키스를 하면 아드레날린과 도파민이 분비되고 세로토닌과 엔도르핀이 생성되면서 행복감을 느끼게 된다. 혈액순환이 활발해지고 신진대사가 왕성해지며 몸속에서 항체 활동이 활발해져 면역력이 강해진다. 대체로 여성이 섹스보다 키스를 선호하는 경향이 강한데, 지구상의 일부 문화권에서는 아예 키스를 하지 않거나 터부시하는 경우도 있다.

피부

일반적으로 성기, 유두 등 성적으로 민감한 부위를 성감대라고 부르지만, 인간의 신체에서 가장 중요한 성감대는 몸 전체의 피부다. 성적으로 흥분이 고조되면 피부 감각이 평소보다 예민해져 약간의 자극에도 큰 영향을 받는다.

전희

　일반적으로 한국 남성은 서양에 비해 전희 시간이 짧고 전희를 중시하지 않는 경향이 있다. 그러나 여성의 신체가 성적 자극에 충분히 적응하고 반응하려면 최소 15분 이상의 충분한 전희를 통해 옥시토신 호르몬이 생성되어야 한다. 여성의 성기(클리토리스)에 대한 직접적인 자극은 그 후에 이루어지는 것이 좋다.

소통

　섹스의 만족도는 파트너와의 의사소통의 깊이에 따라 좌우된다. 자신의 감정 및 어떤 행위를 했을 때의 만족도와 불만족도에 대해 상대방에게 충분히 전달해야 한다.

환상

　성적 환상은 효과적인 애무와 성적 흥분의 긍정적인 자극제로 작용한다. 일반적으로 남성의 성적 환상은 구체적 시각적 자극에 좌우되고, 여성의 성적 환상은 분위기와 정서적 자극에 좌우된다. 남녀 공통적으로는 관음, 공공장소, 가벼운 결박, 금기행위에 관한 성적 환상이 흔하다.

균형

행복한 섹스를 만드는 신체적 요소는 교감신경과 부교감신경의 균형이다. 이를 위해서는 정서적 자극과 신체적 자극(오르가슴)이 균형을 이루어야 한다.

신뢰

유전적으로 남성은 지속적으로 정자를 생산하는 반면, 여성은 난자 생산 횟수가 평생에 걸쳐 제한되어 있으므로 난자를 낭비하지 않기 위해 본능적으로 남성을 선별하는 경향이 있다. 따라서 여성의 성욕과 오르가슴에 가장 큰 영향을 끼치는 궁극적 요인은 상대방에 대한 신뢰와 안정감이다.

84

애무의 효과를 떨어뜨리고 직접적 부작용을 낳는 의외의 요소는 남성 손톱의 청결 여부다. 남성의 길고 지저분한 손톱은 특히 여성의 성기에 상처를 내거나 감염을 일으키는 주요 원인이 되므로 섹스 전에는 반드시 손톱을 짧고 청결하게 관리해야 한다.

'혹시 나도?' 남성의 발기 장애

→ 남성이라면 나이를 막론하고 누구나 한 번쯤 발기부전 및 조루에 대한 두려움을 갖는다. 삽입 섹스에 어려움을 겪는 발기 관련 장애에는 여러 가지가 있는데, 발기가 전혀 되지 않거나 경직도와 경직 지속 시간이 성생활에 지장을 줄 정도로 불만족스러운 경우를 발기부전이라 하고, 발기 상태를 원하는 만큼 유지하지 못하며 금방 사정하게 되는 것을 조루라 할 수 있다. 중국 성의학 고전 〈소녀경〉에서도 조루증은 남성의 보편적인 현상이라고 하였다. 다만 음양의 조화가 깨진 것이 원인이라고 하면서, 성교를 너무 많이 하여 방사가 과다하거나, 술 취한 후 관계를 가지는 것을 습관적으로 하면 폐가 상하고 성 무능 증상이 생긴다고 하였다. 그만큼 조루를 비롯한 발기 관련 장애는 젊고 건강한 남성이라 하더라도 누구나 갑자기 겪을 수 있는 흔한 현상임에도 불구하고 유독 한국 남성들은 발기 장애에 대한 두려움과 콤플렉스가 큰 편이다.

발기부전의 징후는?

- 자위할 때는 발기가 되는데 여성과의 성관계 시에는 잘 안

되는 경우

　- 성관계 시 삽입 후 짧은 피스톤운동만으로 금세 사정하게 되는 경우

　- 콘돔을 끼는 도중 경직도가 급격히 떨어지는 경우

　- 경직도를 높이는 데 걸리는 시간이 오래 걸리는 경우

　- 성인동영상이나 사진 등 비현실적인 자극에만 반응하고 실제 성관계 시에는 발기가 어려운 경우

　- 여성에게 오럴섹스(쿤닐링구스)를 해주는 도중에 경직도가 떨어져 다시 발기시켜야 하는 경우

　- 성관계를 앞두고 발기나 사정에 대해 두려움이 앞서는 경우

　- 성적 흥분이 충분히 고조되지 않았는데도 자신의 의지와 상관없이 사정해 버리거나, 시원스럽지 않게 사정하는 경우

발기 장애, 왜 생길까?

- 스트레스와 과로

　발기부전과 조루의 가장 흔한 원인은 심신의 피로와 스트레스다. 특히 정신적 스트레스가 심한 경우 아무리 건강한 남성이라 할지라도 일시적인 발기 장애를 겪을 수 있다. 섹스에 대한 불안감이나 열등감이 지속되었을 경우에도 발기 장애가 생길 수 있다.

- 여성과의 섹스보다 자위 횟수가 많은 경우

실제 섹스가 아닌 자위에만 너무 몰두하거나 자위 횟수가 너무 잦을 경우, 전립선에 부담을 주어 발기를 유지할 수 있는 신체 능력과 성기능이 떨어질 수 있다. 페니스와 요도를 손상시킬 경우 발기부전의 원인이 될 수 있다.

- 과음

흔히 음주 후 섹스를 즐기는 경우가 많지만 알코올은 오르가슴과 발기에 방해가 되는 가장 주요한 원인이다. 지나친 음주와 습관적인 음주는 감각을 떨어뜨려 성감에 악영향을 끼칠 뿐만 아니라 신경을 손상시켜 발기력을 약화시킨다. 〈소녀경〉에서는 음주 후 성교는 심신의 평형을 잃게 하며 폐가 상하고 성적 무능의 원인이 된다 하여 금기시하였다.

- 흡연

과도한 흡연은 페니스의 혈관 및 혈류에도 손상을 주어 페니스 발기 시의 탄력성을 떨어뜨리고 발기 장애를 유발한다.

- 각종 질환

심혈관 질환, 고혈압, 간 질환, 신장질환, 당뇨병 등 각종 신체 질환이 성기능을 저하시키는 직접적인 원인일 수 있고, 이러한 질환으로 인해 정기적으로 복용하는 약물의 부작용으로 인해 성욕이나 성기능 발기력이 감퇴될 수 있다.

88

- 약물중독

중독성 약물 혹은 마약은 발기에 악영향을 끼친다.

- 항우울제

일반적으로 항우울제를 장기 복용한 경우 성욕을 약화시키는 원인이 될 수 있다.

- 각종 치료약

항히스타민제(감기약, 해열제), 일부 진통제(나프록센이나 이부프로펜 등의 성분이 들어있는 진통제), 일부 수면제를 복용한 경우 성욕을 떨어뜨리고 발기 장애의 원인이 될 수 있다.

- 혈관 질환

혈관에 질환이 있을 경우 페니스 혈류에도 영향을 끼쳐 발기 장애를 유발할 수 있으며, 이 경우 자위행위나 새벽에도 발기가 잘 되지 않는다.

조루의 기준은 몇 분일까?

삽입한 후 사정을 몇 분 만에 하면 조루이고 그 이상 걸리면 조루가 아니라는 기준이 의학적으로 규정되어 있는 것은 아니다. 다만 섹스에 대한 서로의 만족도가 부족한 경우가 많거나 남성 스스로의 의지에 따라 사정을 지연시키지 못하는 횟수가 잦으면 조루를 의심해볼 수 있다.

대개 여성이 오르가슴에 이르는 시간이 남성보다 더 걸리므로, 여성이 미처 오르가슴을 느끼기 전에 남성이 사정하게 되는 상황이 자꾸 반복된다면 뭔가 문제가 있는 것일 수 있다. 심한 경우 삽입 후 사정까지 1분이 채 걸리지 않는다면 전문의의 상담과 진단을 거쳐 약물치료나 외과 시술 등 다양한 방법을 시도해볼 수 있다.

치료방법이나 시술법은?

- 바르는 약

사정을 지연시키는 목적으로 성관계 전에 페니스의 귀두에 바르는 크림 형태의 약으로 소위 '칙칙이' 라고도 한다. 근본적인 해결책이라고는 할 수 없고 오히려 성감을 떨어뜨리기도 한다.

사정을 지연시키는 목적으로 성관계 1시간쯤 전에 복용하는 치료약으로 '프릴리지'가 대표적이다. 일종의 호르몬제로서 혈중 세로토닌 농도를 높여주는 약이지만 근본적인 해결책으로 검증된 것은 아니다.

귀두가 너무 예민한 남성의 경우 조루 증상이 올 수 있다. 이런 경우 페니스의 배부신경을 일부 잘라내어 신경이 둔해지도록 만드는 것을 배부신경 차단술이라 한다. 그러나 근본적이고 일반적인 해결책은 아니다.

자위할 때, 혹은 파트너 여성이 손으로 페니스를 애무하다가 사정이 임박했을 때 귀두 부위를 꾹 누르듯 압박하여 사정을 지연시키는 자연치료 방법이다.

사정을 지연시키는 약물을 주사기로 주입시키는 방법이지만 주사기를 사용해야 한다는 번거로움과 용량 조절에 실패하면 여러 가지 부작용을 유발한다는 단점이 있다.

실리콘으로 만든 보형물을 페니스 안에 집어넣는 시술을 하여 페니스 발기를 펌프로 조절한다. 일부 발기부전 환자에게 시술하기도 하지만 보형물이 고장을 일으키기도 하고 각종 부작용을 유발하기도 한다.

비아그라는 최고의 해결책일까?

비아그라는 미국의 제약회사 화이자(Pfizer) 사가 개발한 발기부전 치료제이다. 원래는 협심증 치료제로 개발했다가 우연히 발기에 효과가 있는 것이 알려지면서 발기부전 치료제로 개발, 1998년 미국에서 발매를 시작하고 우리나라에서는 1999년부터 발매되었다.

남성이 성적인 자극을 받으면 혈관을 확장시키는 고리형 구아노신 일인산염(cGMP)이라는 물질이 생성되어 페니스에 혈액이 몰리면서 발기가 되는데, 이 물질의 생성을 방해하는 효소(포스포디에스테라제 5형:PDE5) 때문에 발기에 문제가 생긴다. 비아그라를 비롯한 현재의 발기부전 치료제들은 PDE 효소 작용을 억제함으로써 발기 상태를 유지시켜주는 것이 주된 원리이다. 복용을 하고 나면 약 5시간가량 발기 상태를 유지시켜 주며, 성관계 1시간 전에 복용해야 한다.

비아그라는 '정력(vigor)+나이아가라 폭포(Niagara)=나이아가라 폭포보다 힘차게(vigorous than niagara)'에서 만든 이름에서 알 수 있듯이 수많은 남성들의 고민인 발기부전 문제에 대안을 제시해주게 되었다.

그러나 심장마비 및 심혈관계 질환, 두통, 소화불량, 요통, 근육통, 안면홍조, 전신무력감 등 부작용을 유발할 수 있다는 점, 전문의약품이기 때문에 반드시 전문의의 처방을 받아야 한다는 점, 특정 질환으로 인해 다른 약을 복용하는 경우 비아그라 복용을 주의해야 한다는 점 등에 유의해야 한다. 흔히 오해하는 것처럼 발기 문제를 백 퍼센트 해결해주는 정력제로 인식해서는 안 되며, 실제로 임상실험을 했을 때에도 비아그라 복용으로 인해 성기능이 회복된 경우는 10명 중 7명 정도였다. 또한 복용 후 성관계를 했을 경우 정자의 기능이 약화되어 오히려 임신에는 도움이 되지 않는다고 알려져 있다.

무엇보다도 중요한 것은 아무리 비아그라의 도움을 받는다 하더라도 약효를 보려면 상대방에 대한 충분한 성적 욕구가 동반되어야 한다는 점이 전제조건이다. 즉 비아그라 복용만으로 정력이 강해져 '강한 남성'이 된다는 것은 오해에 불과하며, 섹스에 대해 심리적으로 건강한 남성의 발기 상태 유지에만 도움을 줄 수 있을 뿐 비아그라 자체가 섹스 문제를 해결해주는 것은 아님을 이해해야 한다.

건강한 발기는 흥분보다 안정이 중요

대부분의 남성들은 발기를 '성적으로 흥분한 상태'로, 섹스를 '발기 후 사정하기 위한 과정'으로 인식하며 '세게, 오래' 지속하는 섹스여야만 상대 여성을 만족시킬 수 있을 것이라고 여기는 경우가 많다. 그러나 섹스에 대한 이러한 단편적인 인식이야말로 즐거운 성생활을 저해하는 주요 원인이자 각종 발기 관련 장애의 근본적인 원인이 될 수 있다.

의학적으로 설명할 때 발기는 페니스에 혈액이 몰려 충혈되는 상태를 뜻한다. 그런데 페니스에 혈액이 충분히 모여들기 위해서는 전신의 혈액순환과 혈관의 혈행 능력이 원활해야 하고, 혈액순환이 원활하려면 육체가 건강할 뿐만 아니라 정신적으로 안정적이어야 한다. 스트레스나 불안 등 심리적 요인이 발기 장애의 가장 흔한 원인인 것이 그 증거다.

한방에서는 인체의 12경락 중 족궐음간경이 손상되었거나 심신이 허해졌을 경우 발기에 영향을 끼칠 수 있다고 설명한다.

따라서 발기를 과도한 자극에 의한 성적 흥분의 결과로 여기고 오직 발기에 의한 피스톤운동만으로 상대 여성을 만족시켜야 한다는 강박에 시달리기보다는, 발기 전후의 모든 과정을 상대방과 나 자신을 위한 즐거운 시간으로 인식하는 여유가 필요하다. 심적 안정이야말로 발기 장애를 해결해줄 포인트다.

노이로제 걸리는 남자 vs 자기 탓이라 자책하는 여자

섹스 도중 발기에 문제가 생기는 순간부터 남성은 오로지 자신의 페니스 상태에만 집중하는 경우가 많다. 페니스 발기 여부에 노심초사하느라 상대 여성에 대한 배려는 간과하게 된다. 상대방의 감정에 대해 신경 쓰지 못하는 것이다.

문제는 이 과정에서 자신의 발기를 위해 여성에게 일방적으로 펠라티오를 해줄 것을 요구하는 남성들이 많다는 점이다. 섹스 때마다 습관적으로, 혹은 심지어 첫 섹스의 초반에 여성에게 다짜고짜 펠라티오부터 요구하는 남성 앞에서 대부분의 여성들은 모욕감을 느낀다. 충분한 교감 없는 강요는 여성의 욕망과 호감을 감소시킬 수밖에 없으며, 마치 자신을 창녀 취급하는 것처럼 느끼게 만든다.

더구나 남성이 자신의 페니스 때문에 초조해하는 사이, 여성은 남성의 발기 문제가 자기 탓이라 느끼기도 한다. 자신의 성적 매력이 부족하거나 상대 남성이 자신을 별로 사랑하지 않기 때문이라고 자책하는 것이다.

사실 여성들은 남성의 페니스의 강직도와 지속시간 자체보다는 남성이 자신에게 어떤 태도를 보였느냐에 따라 감정이

94

달라진다. 따라서 섹스 도중 발기에 문제가 생겼다 하더라도 여성에 대한 충분한 배려와 애무, 여유로운 태도를 보이는 것이 중요하다.

남자의 또 다른 고통, 지루증

발기가 잘 안 되거나 금방 사정하는 것과 반대로 지루는 발기는 잘 되지만 사정을 하지 못하거나 지나치게 지연되는 상태를 가리킨다. 많은 한국 남성들이 조루 콤플렉스를 가지고 있지만 지루로 인해 섹스를 고통스러워하는 경우도 있다. 지루증은 남성 성기능장애 환자의 3% 이상인 것으로 알려져 있다.

지루의 원인은 스트레스, 피로, 심리적 요인, 비뇨기과 질환, 약물 복용 등 여러 가지가 있으나 평소 자위행위가 너무 잦은 경우 포피 마찰이 과해지고 페니스의 신경 감각이 둔해졌을 때 나타난다. 자위행위에서는 사정이 가능하다가도 여성의 질 내에 삽입했을 때 정상적으로 사정하지 못하는 것이다. 삽입에서는 사정이 안 되고 파트너 여성이 오럴섹스나 손으로 자극해야 사정이 가능한 경우도 있고, 심한 경우 자위나 몽정을 통해서도 사정을 하지 못하는 경우도 있다.

지루는 잘못된 자위 습관이나 섹스에 대한 왜곡된 심리적 장애가 원인인 경우가 많다. 특정 경험이나 심리적 요인으로 인해 사정에 대해 죄책감과 불안증이 반복되다 지루증으로 이어지기도 한다. 따라서 파트너와의 대화 및 전문적인 심리 상담을 통해 섹스에 대한 잘못된 관념이나 두려움을 해결하려 노력해야 한다.

야동 보는 남편, 내버려둬도 될까?

일반적으로 남성은 결혼 후에도, 혹은 애인이나 섹스파트너가 있는 경우에도 여전히 자위를 하거나 포르노 시청을 하기도 한다. 너무 과하지만 않다면 걱정할 것은 없으며, 야동을 보거나 자위를 가끔 한다 하더라도 그것은 상대 여성에 대한 사랑과는 별개인 경우가 대부분이다. 그러나 부인이나 애인과의 섹스보다 자위하는 횟수가 더 많거나, 부인과의 섹스가 아닌 자위를 통해서만 사정을 하는 등 이상 징후가 나타난다면 뭔가 문제가 있는 것이라 할 수 있다.

섹스 중독증이란?

섹스 중독증 혹은 성욕 항진증이란 호르몬의 이상 분비나 뇌신경 장애, 혹은 어린 시절의 경험 등 정신적인 원인으로 인해 성욕을 자신의 의지에 의해 제어하지 못하는 증상을 말한다. 섹스 중독증 환자는 정상적인 일상생활이나

사회생활이 어려울 정도로 성욕이 지나치게 솟구치는데,
성욕이 일어날 때 즉시 섹스를 하지 못할 경우 극심한 고
통에 시달리고 이상행동을 보인다. 심리적인 원인을 찾아
상담치료를 해야 하며 호르몬이나 뇌신경을 조절하기 위
해 약물치료를 병행하는 경우가 많다.

음경강직증이란?

음경강직증 혹은 지속성 음경발기증은 성적 욕구가 전
혀 없는데도 비정상적으로 발기가 지속되는 증상을 말한
다. 소변도 보기 어려울 정도의 통증이 엄습하므로 응급
치료를 받아야 한다.

여성 사정이 가능할까?

→ 여성의 사정에 대한 대중적인 환상이 널리 퍼진 것은 사실 '야동' 때문이라고 해도 과언이 아닐 것이다. 포르노 혹은 성인동영상에도 유행이라는 것이 있다고 할 때, 흔히 남성이 여성의 질 안에 손가락 한두 개를 삽입하여 매우 빠르고 강하게 자극하자 불과 몇 분 만에 다량의 액체가 뿜어져 나오는 여성 사정 장면이 많은 남성들의 인기를 얻게 된 것이다. 그러나 여성 사정을 경험했거나 경험하기를 원하는 여성은 실제로는 많지 않을뿐더러 이것 자체가 여성 오르가슴의 증거이거나 최종 목표라고 하기는 어렵다.

과연 여자가 원하는 것일까?

여성의 질에서 다량의 액체가 분비되는 소위 여성 사정은 일반적인 섹스에서의 흔한 현상은 아니다. 이 액체는 여성의 질 내부에서 요도 근처에 위치한 해면조직이라 할 수 있는 여성 전립선 혹은 지스팟(G-spot 혹은 G-zone)에서 생성되어 요도 밖으로 분비되는 것으로서, 그 성분 자체는 남성의 전립선액과 비슷한 알칼리성 액체이며 일반 소변과는 다른 성분인 것으로 알려져 있다. 대개 5ml 이하의 적은 양이 삽입섹스 도중 자기도 모르게 분비되기도 하고, 드문 경우 다량의 액체가 소변처럼 분비되기도 하는데 이처럼 다량으로 분비되는 액체는 희석된 소변일 가능성이 높다.

이러한 여성 사정은 개개인에 따라 가능할 수도 있고 아닐 수도 있다. 문제는 성인동영상에서 제공되는 여성 사정 장면 중에는 인위적으로 연출된 퍼포먼스인 경우가 많을뿐더러, 이는 주 소비자인 남성 시청자를 위한 일종의 '쇼'라는 점이다. 그런데 이를 시청하는 남성들이 여성 사정을 여성 오르가슴의 지표로 착각하는 경우가 적지 않다.

여성 사정이 여성 오르가슴의 지표는 아니다

남성들이 성인동영상 속의 여성 사정 장면을 보며 만족하는 이유는 액체가 뿜어져 나오는 모습을 남성의 사정과 동일시하는 데서 성적 흥분을 느끼기 때문이기도 하지만, 그보다는 남성의 일방적인 통제 하에 여성을 복종시키고 여성의 쾌감을 조종한 것 같은 지배욕을 대리체험하게 해 주기 때문이다. 그러나 남성의 간단한 손가락 장난만으로 여성이 교성을 지르고 액체를 분수처럼 뿜어내는 것은 여성의 오르가슴과는 별로 상관이 없는 것이 현실이다. 지나치게 격렬한 물리적 자극은 여성의 성적 쾌감에 있어서 오히려 역효과를 낳으며, 손가락 자극이 과할 경우 페니스 삽입 시의 질의 감도가 떨어질 수 있다.

여성의 사정을 유도하는 과정에서 지스팟을 적절히 자극하는 것은 수많은 애무 방법 중 하나가 될 수는 있을지언정 여성이 진정으로 원하는 오르가슴의 유일한 방법도 최종 목표도 아니다. 또한 여성을 사정하게 하는 것이 남성의 섹스 테크닉을 증명하는 척도도 아니다.

특히 남성의 서툰 손가락 장난 때문에 여성이 통증을 느끼거나 거부 의사를 표했음에도 불구하고 동영상에서 본 것을 실험해보려는 목적 하에 행위를 강요할 경우, 더 이상의 즐거운 섹스는 불가능해진다. 파트너끼리 상호 합의 하에 섹스의 여러 방법을 시도해보는 것은 좋지만 서로의 감정과 의사를 매 순간 존중해주어야 할 것이다.

자위를 통한 성감 깨우기 연습

→ 동서양을 막론하고 역사적으로 자위행위는 금기시되는 경우가 많았다. 서양에서는 종교적으로 죄악시했고 20세기 초까지도 여러 가지 질병의 원인으로 여겼으며, 성적으로 보수적인 우리나라에서도 공공연히 드러내기 어려운 주제로서 '자위를 많이 하면 여드름이 많이 난다' 는 등의 근거 없는 속설이 나돌기도 했다. 지나친 자위행위는 섹스에 악영향을 끼칠 수 있지만 적절한 자위는 오히려 남녀의 성감을 깨우는 효과적인 트레이닝 방법으로 활용할 수 있다. 남성의 경우 단지 사정을 위해서가 아니라 사정을 조절하는 연습을 할 수 있고, 여성의 경우 자위를 통해 성적 감각을 일깨우는 연습을 할 수 있다

남성의 경우 : 사정 컨트롤 훈련하기

흔히 남성의 자위라 하면 사진이나 동영상을 보며 시각적 자극을 받음과 동시에 손으로 페니스를 붙잡고 빠르고 강한 자극을 가해 사정을 유도하고 끝내는 경우가 대부분이다. 그러나 이러한 단순한 형태의 자위행위가 실제적인 섹스보다 훨씬 잦을 경우, 그리고 손의 악력이 너무 강할 경우, 여성과의 삽입 섹스 시 페니스 감도를 떨어뜨려 발기부전이나 조루의 가장

대표적인 원인이 될 수 있다.

　반면 자위의 목표를 사정 자체에 두지 않고 사정을 지연시켜 발기 상태를 오랜 시간 유지하는 연습으로 활용한다면 페니스의 성감을 발달시키는 데 도움이 된다. 이는 단순한 자위행위와 달리 페니스의 혈액순환에 도움이 된다. 또한 여성의 쾌감에 호흡을 맞춰 사정을 조절할 수 있게 되어 사정 전후의 섹스의 전 과정을 즐길 수 있는 능력을 키워준다.

　〈소녀경〉에서 말하는 '접이불루'(접촉하되 배설하지 않음)는 남성의 성기능을 강화시키는 대표적인 방법으로 꼽힌다.

　절정에 이르러 사정이 임박했다고 느껴지는 순간, 심호흡을 하며 골반의 긴장을 풀고 페니스가 아닌 다른 부위를 애무하여 사정을 늦추는 연습을 꾸준히 하면 자신의 의지에 의해 사정을 컨트롤할 수 있어 조루를 치료하고 궁극적으로 섹스 만족도를 높여주게 된다.

　사정을 컨트롤하는 훈련의 핵심은 부드러운 자극과 오랜 시간이다. 손의 악력을 줄이고 페니스, 음낭, 회음부까지 성기의 모든 부분을 천천히 자극하는 것이 관건이다.

① 음낭과 포피 어루만지기

- 음낭을 살짝 쥐고 어루만진다.
- 음낭에서 귀두까지, 특히 귀두 뒷면에서 페니스를 연결하

는 얇은 막 부분(포피소대)를 손가락으로 골고루 가볍게 터치
한다.

② 페니스 뿌리와 회음부 자극하기

 - 페니스의 아래쪽 뿌리 부분에서 항문 사이의 회음부를 손
가락으로 누른다.

③ 귀두 애무하기

 - 귀두에 엄지 검지로 링을 만들어 씌우며 요도에서 귀두 가
장자리를 가볍게 자극한다.

④ 자극 확장시키기

 - 손가락 끝으로 귀두에서 음낭까지 쓸어 올리고 내리는 것
을 반복한다.
 - 페니스를 부드럽게 잡고 아래위로 움직인다.

⑤ 사정 컨트롤하기

 - 충혈된 귀두 주위에 엄지와 검지로 링을 만들어 씌우고 지

속적으로 자극하되, 사정하고자 하는 욕구가 몰려오기 직전의 상태를 유지한다.

　- 페니스 전체를 자극하지 않고 귀두만 자극하면 사정을 좀 더 지연시킬 수 있다.

　- 사정하려 하기 직전에 귀두에서 손을 떼었다가, 사정 욕구가 조금 가라앉을 때 다시 귀두를 자극한다. 이 과정을 반복한다.

- 사정을 지연시키고 조절하는 것은 처음에는 어려울 수 있다. 처음부터 무리하게 시도하지 말고 지연 시간과 횟수를 점차 늘려가며 연습한다.

- 오일이나 윤활제를 활용하면 여성의 질의 느낌과 비슷하므로 실제 섹스에도 도움이 된다.

- 손만 움직이는 것이 아니라, 손을 정지시키고 골반 전체를 움직여 자극하는 연습을 한다.

- 주변의 방해를 받지 않고 몰입할 수 있는 환경을 만들어 정서적 안정감을 만든다.

여성의 경우 : 오르가슴의 감각 깨우기

여성들이 남성과의 삽입 섹스보다 자위행위를 통해 오르가슴을 경험하는 비율이 압도적으로 높다는 것은 다양한 연구와 통계를 통해 이미 널리 알려져 있다.

성적으로 적극적이고 성에 대한 지식 습득에 솔직한 서양 여성들의 경우 평소 자위행위를 하는 것이 일반적이고 자위를 도와주는 섹스토이(딜도나 바이브레이터 등)를 마련해두고 활용하는 것도 매우 일상적이다.

반면 우리나라의 경우 성적으로 많이 개방되었다고 하는 젊은 세대 여성들조차도 자신의 성기에 대한 지식, 그리고 자위행위 방법에 대해서는 아직까지 무지한 경우가 많다. 편안하게 누워 손으로 자신의 성기의 구조를 이해하고 각 부분의 다양한 감각을 일깨워보는 연습을 함으로써 섹스와 오르가슴에 대한 이해도를 높일 수 있다.

① 음순 어루만지기

- 손가락으로 대음순과 소음순, 치구, 클리토리스 등 각 부분을 부드럽게 어루만지며 자극한다. 각 부위별로 느낌이 어떻게 다른지 비교해본다.

② 클리토리스 자극하기

- 손가락으로 클리토리스를 문지르거나 눌러본다.
- 손가락으로 클리토리스를 아래위로 움직여 클리토리스 끝을 바깥으로 노출시켜본다.
- 클리토리스를 문지를 때와 누를 때의 감각을 비교해본다.

- 성적 쾌감이 고조됨에 따라 클리토리스를 좀 더 집중적으로 자극해본다.

③ 손가락으로 질 내부 자극하기

- 손가락을 질에 집어넣어 내부를 천천히 자극한다.
- 손가락을 움직이는 강도와 속도를 좀 더 높여본다.
- 손가락을 정지한 상태에서 골반을 앞뒤 좌우로 움직여본다.

④ 지스팟 자극하기

- 검지손가락을 질 내부에 넣어 손끝을 구부린 후 질 입구에서 3~5cm 들어간 곳의 복벽을 살짝 긁듯이 자극해본다. 자극했을 때 요의가 느껴지는 지스팟 부위를 찾아본다.
- 손가락으로 그 부위를 천천히 마사지하듯이 문지르며 감각에 집중한다.

- 클리토리스나 지스팟 자극으로 인해 쾌감이 고조될 경우 소변을 보고 싶은 것 같은 느낌을 받게 된다. 그러나 이는 오르가슴의 정상적인 현상이며, 신체가 성적으로 흥분할 경우에는 요도가 차단되어 소변 배출을 막아주므로 걱정하지 않아도 된다.

- 남성과 달리 여성은 오르가슴을 느끼기까지 걸리는 사람의 개인차가 매우 크다. 자극을 가한 후 몇 분 안 되어 오르가슴을 느끼는 여성도 있지만 1시간이 넘게 걸리는 경우도 있다. 또한 그 순간의 심리적 상황과 기분에 따라서도 달라진다.

섹스 고수는 입으로 한다 ①
그를 위한 펠라티오

→ 여성이 손이나 입으로 남성의 성기를 애무하는 오럴섹스 행위를 블로잡(blowjob), 프랑스어로는 펠라티오(fellatio)라고 한다. 삽입섹스 못지않게 일반적으로 활용되며 남성들의 선호도가 매우 높다. 초보 여성들의 경우, 그리고 일반적인 성인동영상에서 연출되는 펠라티오의 경우 단순히 페니스를 입에 넣고 피스톤운동만 하는 경우가 많다. 그러나 여성이 남성의 성기를 이해하고 다양한 자극을 가하면 상대 남성의 성적 쾌감을 극대화시킬 수 있고 남녀 모두의 섹스 만족도를 높이는 데 도움이 된다. 또한 조루 등 발기 장애 개선에도 도움을 줄 수 있다.

① 고환 애무하기

- 손으로 고환을 탐색하듯 부드럽게 어루만진다.
- 혀로 고환을 핥거나 입에 가볍게 물었다 놓는다.
- 혀로 원을 그리며 자극한다.

② 페니스와 귀두 애무하기

- 페니스를 가볍게 손에 쥐고, 고환에서부터 페니스 위쪽으로 올라가며 키스하거나 혀로 핥으며 올라간다.
- 고환에서 귀두까지 아래위로 왕복하듯이 혀로 핥는다.
- 귀두 안쪽 부분을 핥는다. 혀끝으로 귀두 주변에 원을 그리며 핥거나 툭툭 치듯이 애무한다.
- 손가락으로 포피를 가볍게 밀어올리고 내리기를 반복한다.
- 페니스를 막대 아이스크림처럼 다루며 입에 넣고 리드미컬하게 움직인다.
- 발기 후 요도 입구에서 분비되는 투명한 분비물(쿠퍼액)을 윤활액처럼 활용하여 손으로 귀두 주변을 감싸 쥐고 마사지한다.
- 귀두 위에 손바닥 한가운데를 가볍게 대고 원을 그리듯 애무한다.

③ 위→아래 방향으로 마찰하기

- 남성의 페니스의 성적 쾌감은 포피가 위쪽에서 뿌리 쪽으로 마찰되며 당겨져 내려갈 때 쾌감이 커진다.
- 페니스를 입에 넣고 위아래로 왕복하되, 위에서 아래로 내려갈 때 입과 혀에 살짝 압력을 주어 귀두를 조이고 내려간다.

- 엄지와 검지를 고리 모양으로 만들어 페니스에 끼워 뿌리 부분을 감싸고, 귀두 부분은 입술로 감싸 손과 입으로 동시에 자극한다. 손목의 스냅을 이용해 리드미컬하게 움직인다.

④ 회음부 애무하기

- 페니스 아래쪽에서 항문 사이에 있는 회음부를 손가락이나 혀로 지그시 눌렀다가 떼는 것을 반복하며 자극한다.

- 페니스를 이빨로 세게 물지 않도록 주의한다.

- 입술을 둥글게 하여 이빨을 가리고 입술로 은근히 조이듯이 압력을 주고 빨아들인다.

- 페니스 끝을 목구멍에 너무 가까이 닿게 하면 헛구역질이 날 수 있으므로 깊이 넣지 말고, 각도를 틀어 뺨 안쪽으로 향하게 한다.

- 페니스 전체를 입 안에 넣으려고 하는 것보다는 손과 입을 함께 사용하는 것이 효과적이다.

- 여성이 자신의 클리토리스를 남성의 한쪽 다리에 마찰시키는 자세로 펠라티오를 하면 여성도 성적 쾌감을 고조시키며 몰입할 수 있다.

- 성병 예방과 청결 등 안전한 섹스를 위해서는 펠라티오 때도 콘돔을 착용하는 것을 권장한다.

- 남성이 사정하려 할 때 엄지손가락으로 귀두를 지그시 압박하면 사정을 지연하는 컨트롤을 도울 수 있다.

오럴섹스가 왠지 불쾌하게 느껴진다면?

성에 대해 보수적인 사고방식을 갖고 있거나 부정적인 경험이 있는 경우 오럴섹스에 대한 극도의 거부감을 느끼는 여성도 적지 않다. 거부감을 갖고 있는 여성에게 일방적으로 강요해서는 안 되지만, 펠라티오를 통해 오히려 여성이 남성을 리드할 수 있고 색다른 변화와 쾌락을 경험할 수도 있다는 점에서 편견을 깨는 노력을 해보는 것도 필요하다. 단, 남성이 여성에 대한 애무를 충분히 하지 않은 채 마치 봉사하듯 펠라티오를 해줄 것만을 요구한다면 지극히 이기적인 행태라 할 수 있다.

그가 입 안에 했을 때 삼킬까, 뱉을까?

손이나 수건에 뱉고 가글을 하면 된다. 입 안에 사정한 정액을 삼킬 것인지 여부는 여성의 취향과 의지에 따라 선택하되 남성이 일방적으로 강요하지 않아야 한다. 흔히 포르노에서 연출된 장면처럼 여성의 얼굴이나 몸에 사정하는 행위는 대부분의 여성에게 불쾌감을 주게 되므로 반드시 파트너끼리 대화로 미리 합의해야 한다.

섹스 고수는 입으로 한다 ②
그녀를 위한 쿤닐링구스

→ 삽입에 집착하는 남성들과 달리, 실제로 여성들의 성적 쾌감에서 핵심이 되는 부위는 질 내부 깊은 곳보다는 클리토리스와 질내 5cm 이내에서 온다. 여성들이 섹스보다 자위를 통하여, 그리고 페니스 삽입보다는 클리토리스 자극이나 쿤닐링구스(남성이 여성에게 해주는 오럴섹스)를 통하여 오르가슴에 이르는 비율이 훨씬 높은 것도 이 때문이다. 수치심 때문에 꺼리는 여성도 있지만 쿤닐링구스는 전희의 한 과정만이 아니라 여성 오르가슴을 위한 메인 코스로 활용할 수 있다.

① 외음부 애무하기

- 여성이 편안하게 다리를 벌린 자세로 눕는다.
- 남성이 여성의 허벅지 안쪽과 음모가 난 부분을 손으로 간질이듯 어루만지거나 키스한다.
- 대음순을 손가락으로 어루만지거나 가볍게 키스한다.

② 소음순 핥기

  - 손가락으로 소음순을 양쪽으로 벌리고 소음순 전체를 혀로 쓸어 올리듯이 핥는다.
  - 소프트아이스크림을 먹을 때처럼 아래위로 부드럽게 핥고, 혀의 모양과 세기, 방향, 속도에 변화를 준다.
  (예 : 혀끝으로+혓바닥 전체로, 아래위+좌우+대각선 방향으로, 빠르게+느리게)
  - 클리토리스 머리에 가볍게 키스하되, 초반에는 클리토리스를 강하게 자극하지 않고 내버려둔다.
  - 혀와 손가락을 번갈아 활용한다.
  - 중간중간 혀를 댄 채 멈추고 자극을 중지한다.

③ 클리토리스 자극하기

  - 손가락으로 포피를 젖히며 클리토리스 머리를 드러내고 혀끝으로 핥는다.
  - 클리토리스 머리가 포피 밖으로 나오면 혀끝으로 자극하는 것을 잠시 멈춘다.
  - 혀의 모양과 자극의 세기에 변화를 준다. 혀끝으로 톡톡 건드리거나, 클리토리스 주변에 원을 그리거나, 혀 전체를 사용해 아래위로 핥는다.

116

- 입술을 둥글게 오므리고 클리토리스를 입 안에 살짝 넣듯이 빨아들인다.

- 클리토리스를 너무 강하게 계속해서 자극하면 쾌감이 떨어지고 통증이 유발되므로 주의하고, 중간에 수시로 멈추거나 속도와 강도에 리드미컬하게 변화를 준다.

④ 손가락으로 질 내부 자극하기

- 검지 손가락을 질 내에 집어넣되, 너무 깊이 집어넣거나 빠르게 자극하지 않는다.

- 검지를 삽입한 상태에서 엄지로 회음부를 간질인다.

- 다른 손으로는 엉덩이를 받치거나 치골, 가슴 등을 애무한다.

④ 지스팟(여성전립선) 자극하기

- 손바닥을 위로 향하게 한 상태에서 검지 손가락을 질 안에 넣고 손가락 끝을 살짝 위쪽으로 구부리면서 복벽을 누르듯이 자극한다.

- 혀끝으로 클리토리스를 자극함과 동시에 손가락 두 개를 질 내에 삽입하여 지스팟을 자극한다.

- 남성의 수염이 거칠 경우 여성의 허벅지 안쪽 살갗과 성기에 상처를 낼 수 있으므로 반드시 면도를 한다.

- 사람의 입 안에는 여성의 질보다 훨씬 많은 세균과 박테리아가 있으므로 쿤닐링구스 전에는 양치질이나 가글을 하는 것이 좋다.

- 세균 감염 위험이 크므로 혀를 질 안에 깊이 넣지 않는다.

- 성인동영상에서 흔히 볼 수 있는 빠르고 거친 클리토리스 자극 장면은 잘못된 방법인 경우가 많으며 여성에게 통증과 불쾌감을 유발한다.

- 쿤닐링구스 중간중간 여성의 다른 부위를 애무하거나 눈을 맞추어 파트너와의 교감을 형성한다.

- 쿤닐링구스로 오르가슴에 이르기까지 걸리는 시간은 개인차가 매우 크다. 단, 10분 미만으로는 충분한 쾌감을 끌어올리기 어렵고, 40분 이상 지속하면 자극에 대한 감각이 둔해지거나 통증이 시작되어 오히려 오르가슴에 방해가 된다.

- 남성의 입 주변에 침과 애액이 많이 묻은 경우 중간중간 수건으로 닦거나 여성의 가슴이나 배 등에 키스한다.

- 여성의 엉덩이 아래에 베개를 받치면 여성의 골반 자극을 강화할 수

있고 남성도 좀 더 편하게 자세를 취할 수 있다.

- 남성과 달리 대부분의 여성은 자신의 은밀한 부위를 남성에게 완전히 내보이고 손이나 혀를 대게 하는 것에 대해 불안감과 수치심을 갖는다. 남성에게 쿤닐링구스를 허락하는 것은 그에 대한 신뢰 없이는 어려운 것이므로, 남성은 여성이 불안해하지 않도록 배려해주는 태도가 반드시 필요하다.

오럴섹스의 남녀 공통 원칙은?

- 펠라티오는 막대아이스크림처럼, 쿤닐링구스는 소프트아이스크림처럼.

- 손과 혀를 함께 사용하기

- 살짝 터치하듯이 부드럽게 자극하기

- 빠른 움직임, 느린 움직임, 멈춤을 고루 반복하여 상대방을 감질나게 애무하기

임신 중에 섹스를 해도 될까?

임신 초기와 마지막 달, 조산기나 유산 위험이 있는 경우, 입덧이 심한 경우, 의사가 주의를 준 경우를 제외하고는 임신 중에도 얼마든지 섹스를 할 수 있다. 오히려 임신 중에 호르몬 변화의 영향으로 인해 임신 전보다 오르가슴에 더 잘 오를 수 있는 여성이 많고, 임신부의 행복한 섹스는 심신의 건강과 태아에게도 좋은 영향을 끼친다. 특히 임신한 아내에게 남편이 해주는 오럴섹스(쿤닐링구스)는 오르가슴과 부부 성생활에 효과적이다. 단, 배를 압박하는 자세나 등을 오래 대고 있는 자세는 피하는 것이 좋다.

"섹스가 고통스러워요" 여성의 성기능장애는?

→ 많은 남성들이 조루와 발기부전에 대한 두려움이 있지만 여성들 역시 다양한 성기능장애로 인해 섹스에 어려움을 겪거나 기피한다. 통계상 섹스 시 항상 오르가슴을 느끼는 여성은 전체의 1/3도 되지 않는다고 하며, 여성의 절반 이상은 오르가슴 장애 및 성기능장애를 경험하는 것으로 알려져 있다. 원인으로는 호르몬 분비 이상, 신경계 질환 등 신체적 질병 때문인 경우도 있지만 대개는 심리적 요인 때문이다. 잘못된 성적 경험으로 인해 섹스에 대해 공포감이나 수치심, 죄의식, 억압의 심리를 갖게 된 경우 평생의 성생활에 악영향을 끼칠 수 있으므로 전문의의 상담을 통해 정확한 심리적 원인을 찾아야 한다.

질 경련

- 골반 근육이 강하게 긴장하여 질이 닫힘으로써 남성의 페니스를 전혀 삽입할 수 없는 상태를 일컫는다.
- 자신의 성기에 대한 혹은 섹스 자체에 대한 부정적인 감정,

거부감, 공포심, 섹스와 관련한 트라우마(성폭력이나 성추행) 등 심리적 영향 때문인 경우가 많으므로 전문의와 상담하는 것이 좋다.

성교통

- 페니스 삽입은 가능하나 통증을 느끼는 것은 일컫는다.
- 삽입을 시도할 때 및 삽입한 후에도 지속적으로 통증을 느껴 오르가슴에 이르지 못한다.
- 질 경련, 질 건조증, 질 내 감염이나 상처, 섹스에 대한 두려움과 공포 등 다양한 원인이 있다.

질 건조증

- 출산 후 및 폐경기에 호르몬 분비 변화로 인해 애액 분비량이 줄어들어 섹스 시 통증을 느끼는 것을 일컫는다.
- 출산 후의 질 건조증은 시간이 지남에 따라 자연스럽게 개선되는 경우가 많다.
- 폐경기에는 여성호르몬 분비 변화로 인해 질이 건조해질 수 있다.

- 애액 부족으로 인해 통증을 느끼는 경우 윤활제를 활용할 수 있다.

불감증

- 성관계 시 흥분이나 쾌감을 느끼지 못하는 것을 뜻한다.
- 남성과의 성적 접촉을 아예 기피하거나, 특정 남성과의 관계 시 쾌감을 느끼지 못하거나, 섹스는 가능하나 오르가슴을 느끼지 못하는 등 다양한 증상이 있다.
- 자궁 관련 질병(자궁내막염, 자궁유착증 등)으로 인한 통증이 원인일 수 있으므로 정확한 진단이 필요하다.
- 클리토리스를 덮는 포피 유착이 불감의 원인인 경우, 포피와 음핵 사이를 벗기는 시술(여성 포경수술)을 할 수 있다.

남녀의 성기능을 향상시키는 케겔운동

→ 흔히 '케겔운동'이라 일컫는 운동은 골반근육을 통합적으로 수축시키고 조이는 연습을 통해 성기능을 향상시키는 운동을 뜻한다. 소변을 조절하는 근육이 강화되면 여성의 경우 질 수축력이 좋아지고 남성의 경우 발기력이 좋아져 남녀 공통적으로 성기능이 향상되고 섹스에 대한 만족도가 높아지는 효과가 있다. 또한 요실금, 위장 하수, 자궁탈출증, 전립선 질환 등 골반근육 약화로 인한 각종 내부 질환을 개선시키는 데 도움이 된다. 출산 후 질의 탄력성이 떨어진 여성 및 발기장애를 겪는 남성에게 매우 효과적이다.

소변 볼 때

- 소변보는 중간에 멈추며 참거나, 속도를 줄이는 연습을 한다.

앉아서

- 의자나 바닥에 앉은 상태에서 소변이나 방귀를 참듯이 골

반근육을 수축시키고 5초+이완시키고 5초 기다리기를 10회 반복한다. 이것을 하루에 3세트 이상씩 꾸준히 한다.

누워서

- 골반 들기 : 누워서 두 무릎을 구부리고 바닥에 발바닥을 댄 후, 골반근육을 수축시키며 엉덩이를 높이 들었다가 내린다. 이것을 1세트에 10~20회 이상, 하루 3세트 이상 연습한다.

서서

- 발뒤꿈치 들기 : 뒤꿈치를 붙이고 선 상태에서, 뒤꿈치를 높이 들었다 내리기를 100회 정도 반복한다.
- 앉았다 일어나기 : 양팔 팔꿈치끼리 잡아 어깨높이로 들어주고 두 발을 어깨너비로 놓고 선 상태에서, 무릎을 굽혀 허공에 앉았다가 일어나기를 10~20회, 하루 3세트 이상 연습한다.
- 스쿼트 : 두 발을 어깨너비보다 넓게 놓고 선 상태에서, 양손으로 허리를 짚고 한쪽 다리를 앞으로 멀리 디디고 다른 쪽 다리의 무릎이 땅에 닿기 직전까지 깊이 구부렸다가 일어난다. 좌우 번갈아서 각각 20회, 하루 3세트 이상 연습한다.

말 못할 고통, 성병 예방하기

병 명	원 인	증 상	치 료	예 방
질염 (진균감염)	• 질내 산성도 변화로 인한 진균감염 • 신체 면역력 약화 • 수영장, 공중목욕탕, 공중화장실에서 세균감염 • 여성의 대부분이 경험하는 흔한 질환	• 여성 - 흰 분비물 • 남성 - 고환 염증 가려움, 통증	항생제, 질정	• 남성 성기와 손의 청결 • 섹스 직후 소변을 보아 각종 세균과 박테리아가 방광에 침투하는 것을 예방하기
방광염	요도에 박테리아 침투	• 냉(분비물) 증가 • 소변 볼 때 통증 및 잔뇨감 • 하복부 통증	항생제	• 성기 청결 • 섹스 직후 소변 보기 • 항문 삽입 후에는 반드시 씻고 새 콘돔 착용
임질	박테리아 전염	• 배뇨 통증 • 고름 분비물 • 요도, 고환, 난관에 염증 • 심한 경우 피부 괴사와 발열	항생제	콘돔 착용 및 청결
클라미디아	박테리아 전염	• 묽은 분비물 • 배뇨 통증 • 하복부 통증 • 출혈	항생제	콘돔 착용 및 청결
헤르페스	• 피부 접촉, 수건 등을 통해 전염 • 한 번 감염되면 평생 사라지지 않고 잠복해 있다가 면역력이 약해지면 재발	• 가렵고 화끈거림, 통증 • 성기 주변에 수포 발생 • 두통, 근육통, 발열	• 약물 및 주사 • 성기 헤르페스 전용 연고	• 입술 헤르페스와 같은 병원체이지만, 입술 헤르페스에 바르는 약으로는 성기 헤르페스를 치료할 수 없음

인유두종 바이러스 (곤지름)	피부 및 성기 접촉으로 바이러스 전염 (곤지름은 '콘딜롬'의 일본식 발음임)	• 성기 주변에 사마귀 • 심할 경우 악성 종양	레이저 혹은 냉동치료, 약물	콘돔 착용 및 청결
매독	박테리아 전염 (선천성 매독은 태반을 통해 모체에서 태아에게 전염됨)	• 성기에 검붉은 반점, 궤양성 혹 • 발열, 관절통증, 편도선염 • 기억상실, 평형감각 상실, 신경계 손상	페니실린	콘돔 착용 및 청결
기생충(옴, 사면발이)	• 음모에 기생 • 피부, 수건으로 전염	심한 가려움증	• 외용제 • 음모의 성충과 알 제거	콘돔 착용 및 청결
트리코모나스증	편모충	• 거품 분비물 • 배뇨 통증 • 극심한 가려움	항생제	콘돔 착용 및 청결
에이즈	HIV 바이러스 감염 (혈액, 정액, 분비물이 피부 상처나 점막을 통해 혈류와 직접 접촉) (악수, 포옹, 식기 등으로는 감염되지 않음)	• 체중 감소, 설사, 발열, 기침, 피부염, 대상포진, 신체 면역력 저하, 피로감, 위장장애, 발열 등	약물복용	콘돔 착용 및 청결, 정기 검진

① 분비물의 형태와 냄새가 이상하다.

시큼하거나 악취가 나고, 치즈 같은 덩어리 진 형태의 분비물이 비치거나, 분비물 양이 많아지거나 색깔이 진해졌다.

② 소변볼 때 혹은 성관계 시 통증이 있다

가렵거나, 불에 타들어가는 듯 불쾌한 통증이 느껴진다. 복부가 아프다.

③ 평소 혹은 성관계 시 성기와 성기 주변이 매우 가렵다.

④ 성기나 성기 주변에 발진, 종기, 물집 등이 보인다.

→ 위와 같은 증상이 나타날 경우, 질염이나 요로 감염, 임질, 트리코모나스, 클라미디아 등의 성병일 수 있으므로 반드시 병원 치료를 받는다.

- 비교적 흔한 질병인 질염, 방광염을 포함해 모든 종류의 성병 감염 시에는 반드시 섹스 파트너와 함께 치료해야 교차 감염을 막을 수 있다.

- 섹스 파트너가 자주 바뀌거나 불특정 다수와 성관계를 맺을 경우 반드시 정기검진을 받아야 한다.

3장

섹스에 대해 당신이 모르는 7가지 착각과 진실은 무엇?

<1> 요란한 신음소리는 오르가슴의 증거?
→ 여자들의 거짓 연기, 그 속사정

성 경험이 있는 성인 여성의 상당수는 오르가슴을 거짓으로 연기한 적이 있다고 답한다. 섹스를 할 때마다 매번 오르가슴을 느끼는 것은 아니라는 것이다. 이는 남성 혼자 오르가슴을 느끼고 사정을 하는 동안 여성은 남성에게 보조를 맞춰주기만 하다 오르가슴에 이르지도 못한 채 섹스를 끝내버리는 것을 의미한다. 문제는 대부분의 남성들이 여성의 이러한 속사정을 눈치 채지 못한다는 점이다.

여성이 오르가슴을 느끼기까지의 과정은 남자들이 짐작하는 것보다 훨씬 복잡하다. 정해진 성감대를 애무한다고 해서 즉시 절정에 이르지 않을 수도 있고, 아찔한 자극도 필요하지만 절대적인 안정감도 필요하다. 최고의 오르가슴을 느꼈을 때와 똑같은 체위를 하고 똑같은 방법으로 자극하고 애무를 했는데도 그날의 기분에 따라 전혀 아무 것도 느끼지 못할 수도 있다. 심지어 남자의 말 한 마디에 몸과 마음이 완전히 닫혀 버리기도 한다.

사정을 향해 질주하는 남성의 오르가슴과 본질적으로 다르다 보니 남성들은 여성의 반응을 이해하지 못하거나 때로는 완전히 반대 의미로 오해하여 이기적인 섹스를 하기도 한다. 이와 같이 남자들이 흔히 오해하는 것 중 하나가 바로 여자의 신음소리다.

쾌감의 신호, 혹은 비명?

프랑스 사람들은 오르가슴을 '작은 죽음(la petit mort)' 이라 표현한다. '죽음' 에 비유할 수 있을 정도로 심신을 완전히 놓아버린 상태라는 것이다. 그래서 절정에 이른 사람의 얼굴은 남녀를 막론하고 웃거나 기쁜 표정이 아니라 잔뜩 일그러지고 찡그린 표정인 경우가 많다. 어찌 보면 고통으로 일그러진 얼굴 표정과 분간이 가지 않는다. 오르가슴의 정상에 다다른 순간에는 신음조차 내뱉지 못하고 호흡을 멈추기도 한다.

그러나 남성들은 여성들이 신음소리를 내기만 하면 그 다음부터는 여성의 상태와 기분을 파악하려는 노력을 더 이상 하지 않는다. 전희가 충분하지 않아 애액이 부족한 상태에서 무리하게 삽입하고 피스톤운동을 하거나, 잘못된 방향으로 삽입하거나, 피스톤운동의 속도가 너무 빠르거나, 성기의 길이가 너무 길어 자궁을 찌르거나 등등 다양한 이유로 인해 여성이

통증을 느끼고 비명을 지르고 있는데도 이를 쾌락으로 인한
신음소리라고 착각하고 더욱 속도와 강도를 높이기도 한다.
심한 경우 여성의 거부 표현을 무시하기도 한다.

그녀가 오르가슴을 '연기' 하고 있다면?

  - 몸에 땀이 별로 나지 않는다.
  - 피부 체온에 별로 변화가 없다.
  - 남성의 삽입 이후에도 애액 분비가 많지 않아 건조하다.
  - 변화 없고 단조로운 교성을 계속 지른다.

　여성의 상태가 위와 같다면 사실은 불만족스러운 섹스를 겉
으로는 내색 못하고 꾹 참고 견디고 있는 것일지도 모른다.
　흔히 성인동영상에 출연하는 여성연기자들이 과장되게 지
르는 교성은 그야말로 연기일 뿐이다. 오르가슴으로 인한 것
이라기보다는 인위적인 연출이자 효과음에 더 가깝다. 그런데
이러한 효과음에 익숙해진 남성들은 현실에서 섹스를 나누는
여성이 정말로 쾌감으로 인한 자연스러운 소리를 내는 것인지
아닌지를 분간하지 못할 때가 많다.
　여자들이 신음소리를 '연기' 하는 이유는 간단하다. 상대 남
성에 대한 지나친 배려 때문이다. 사실은 오르가슴을 느끼지

못하고 있는데도, 혹은 남성의 애무와 행위가 불만족스러운데도 상대 남성이 무안할까 봐, 상처 받을까 봐 내색을 하지 않는 것이다. 이는 섹스 시의 표현에 있어서 소극적이고 보수적인 우리나라 여성들에게서 더욱 두드러지는 특징이기도 하다. '좋다, 싫다' 는 의사표현을 하는 것 자체를 두려워하는 여성이 많고, 이러한 표현을 했을 때 상대 남성이 자신을 '밝히는 여자' 혹은 '경험 많은 여자' 로 여길까 봐, 섹스가 불만족스러워도 말을 하지 못한다.

그러나 상대방에게 표현하지 않은 채로 불만족스러운 섹스를 지속할 경우 남녀의 소통은 점점 더 어려워진다. 남자는 여자의 불만족을 눈치 채지 못한 채 자기가 섹스를 잘 하고 있는 줄 알고, 여자는 남자가 속마음을 몰라줘 답답하다. 이렇게 오해가 쌓여 가면 여성은 섹스에 흥미를 잃으며 거부하게 되고, 남성은 잘못된 행위를 고치거나 개선할 수 있는 기회를 아예 가지지 못한다는 점에서 결과적으로 남녀 모두에게 손해다.

섹스의 느낌, 만족스러운 점과 불만족스러운 점, 상대방에게 바라는 점과 불편한 점에 대해 파트너끼리 솔직하게 대화할 수 있어야 한다. 남성은 삽입 시 여성이 통증을 느끼는 것은 아닌지 확인해보고 애무에 좀 더 신경을 쓸 줄 알아야 하고, 필요에 따라서는 윤활제를 사용하거나 체위를 바꾸는 등 융통성을 가질 수 있어야 한다. 섹스는 배설 행위가 아니라 두 사람의 몸의 대화임을 잊지 말자.

남성의 자존심을 살려주기 위해 매번 오버액션으로 오르가슴 연기를 하는 것은 결국 두 사람 모두에게 마이너스이자 도끼로 발등 찍는 것이나 마찬가지다. 솔직하게 대화하고, 색다른 체위나 애무 부위 개발, 상호 자위 행위 등 새로운 방법을 시도해보는 노력을 해야 한다.

오르가슴에 도달한 여성의 몸은 어떻게 변할까?

오르가슴에 이른 여성의 신체에는 다음과 같은 변화가 나타난다.

- 온몸과 얼굴에 땀이 난다.
- 체온이 올라 몸과 입 안이 따뜻해진다.
- 귀와 뺨이 붉게 상기된다.
- 숨이 가빠지고 헐떡인다.
- 유두가 꼿꼿해진다.
- 남자의 몸이나 이불 등 뭔가를 붙들고 잡아당기려 한다.
- 입 안이 마른다.
- 질에서 분비되는 애액의 양이 늘어나고 점도가 높아진다.
- 눈이 감기거나 넋 나간 표정이 된다.
- 소음순의 색이 짙어지며, 클리토리스 머리 부분이 움츠러든다.
- 질 내부는 넓어지되 질 입구의 탄성이 높아져 남성의 페니스 뿌리 부분을 조이고 흡수하는 듯한 느낌을 준다.
- 섹스 직후 요의를 느껴 화장실에 간다.

<소녀경> 에서 이야기하는 여성 오르가슴의 결정적 증거 '5징 5욕 10동' 이란?

중국의 오래 된 성 지침서 <소녀경>에는 여성이 성적 쾌감을 느끼고 절정에 이르는 단계별 징후와 현상, 그리고 각각의 단계에서 남성이 취해야 할 성행위에 대해 다음과 같이 기술하였다.

- 5징 : 여성의 성적 흥분의 정도를 측정할 수 있는 5가지 징후와 남성의 행위

1. 뺨이 붉게 상기된다. → 남성의 성기를 여성의 음부에 대고 가볍게 움직인다.

2. 유두가 단단해지고 코에 땀이 맺힌다. → 남성의 성기를 천천히 삽입한다.

3. 목이 마르고 입술이 건조하여 침을 삼킨다. → 삽입한 상태에서 천천히 요동친다.

4. 애액이 분비되어 질이 윤활해진다. → 더욱 깊이 삽입한다.

5. 여성의 애액이 엉덩이 쪽으로 흐른다. → 남성의 성기를 차츰 빼낸다.

- 5욕 : 여성의 성적 욕망에 따른 5가지 현상

1. 교접에 대한 욕망이 있을 때는? → 숨이 가빠진다.

2. 애무를 원할 때는? → 콧구멍과 입이 벌어진다.

3. 정욕으로 혼미할 때는? → 몸을 떨면서 남자를 꽉 껴안는다.

4. 절정의 쾌감을 느낄 때는? → 온몸이 땀으로 흠뻑 젖어 옷이나 침구를 적신다.

5. 극도의 쾌감에 이르면? → 눈을 감고 몸이 굳으며 몸이 구름 위로 뜨는 것 같다.

- 10동 : 여성이 무엇을 원하는지를 알 수 있는 10가지 신체 행동

1. 양손으로 남자를 당겨 안으면 → 음부를 서로 접촉하기를 원하는 것이다.

2. 양 다리를 벌린다면 → 성기의 마찰과 애무를 원하는 것이다.

3. 복부를 들고 받드는 자세를 취한다면 → 본격적인 행위와 절정을 원하는 것이다.

4. 엉덩이 부위를 들썩인다면 → 쾌감이 고조되는 것이다.

5. 두 다리로 남자의 몸을 휘감으면 → 남성의 깊은 삽입을 원한다.

6. 넓적다리를 꼬는 것은 → 쾌락을 느끼며 질에 물이 넘치는 것이다.

7. 허리를 좌우로 흔드는 것은 → 삽입 상태에서 더 깊은 자극을 원하는 것이다.

8. 몸을 일으키며 남자에게 바짝 의지하는 것은 → 쾌락의 절정에 있는 것이다.

9. 상체를 쭉 뻗으면 → 쾌락의 정점에 이른 것이다.

10. 음액이 미끄럽게 흐르면 → 쾌감이 완성된 것이다.

(참조 - 〈황제소녀경〉(최창록 옮김))

〈2〉 섹스킹은 '파워' 가 관건이다?
→ '세게, 오래' 보다 중요한 건 따로 있다

♥♡♥

소위 '야동' 으로 섹스를 배운 대다수의 남자들은 페니스를 삽입한 후 무조건 오래, 세게, 빠르게 피스톤 운동을 하는 것을 '섹스를 잘 한다.' 라고 오해하곤 한다. 물론 섹스의 어느 단계에서는 남성적인 힘과 속도가 큰 효과를 발휘할 때가 있다. 그러나 이것이 전부는 아니다. 강하게 오래 유지한다고 해서 여자가 무조건 오르가슴에 이르는 것은 아니기 때문이다. 여자를 만족시키고 쌍방이 함께 즐길 수 있는 섹스의 포인트는 힘이나 시간이나 기술 자체가 아니라 리듬과 소통과 커뮤니케이션이다.

포르노에 등장하는 여자들은 남자가 삽입을 한 지 얼마 지나지도 않아 쾌감에 흠뻑 젖은 표정을 짓는다. 그리고 '더 세게, 더 빠르게' 라고 소리를 지르며 신음을 내뱉는다. 이런 장면에 익숙한 남자들은 '얼마나 오래 버티는가? 얼마나 여자를 세게 밀어붙이는가? 가 섹스의 핵심이라고 생각한다.

하지만 똑같은 장면을 보면서 여자들이 하는 생각은 조금 다르다. 남자들이 보는 야동을 보고 여자들은 이런 생각을 할지도 모른다.

‘저 여자, 정말 오르가슴을 느끼고 있는 것일까?’

여성의 가슴을 주물럭거리고, 성기를 적나라하게 클로즈업해서 비추고, 손가락으로 마구 헤집듯이 비벼대고, 섹스토이나 물건들을 질 속에 함부로 집어넣고, 이윽고 페니스를 삽입하여 세게 피스톤 운동을 하고 끝내는 기계적인 섹스로 인해 여자가 오르가슴에 이르기란 실제로는 거의 불가능하다. 그래서 여자들은 남자들이 즐겨 보는 흔한 야동을 보고 ‘동물적이다’ 라고 느낄지언정 ‘에로틱하다, 저렇게 해보고 싶다’ 라는 생각은 별로 하지 못한다.

‘질주’ 와 ‘멈춤’ 의 리듬을 타라

그렇다면 여자들이 싫어하는 섹스의 특징으로는 어떤 것들이 있을까?

- 도식적인 애무 : 가슴과 성기를 조금 만지는 것이 애무의 전부인 줄 안다.
- 하는 둥 마는 둥 금방 끝내는 전희 : 삽입 전의 전희 시간이 15분도 안 되고, 건드리는 부위도 늘 진부하다.
- 힘이 전부인 피스톤 운동 : 서둘러 삽입하고 세게 넣었다

뺐다를 반복한 후 사정하고 끝낸다.

그런데 위와 같은 특징들은 대부분의 포르노 동영상에서 패턴화되어 있는 일종의 '섹스 공식' 중 하나다. 바꿔 말하면 남자들이 알고 있는 좋은 섹스와 여자들이 좋아하는 섹스가 서로 다르다는 얘기다.

여성의 오르가슴에 있어서 중요한 것은 섬세한 클리토리스 자극, 그리고 질 입구의 리드미컬한 마찰이다. 남자가 여자의 성기를 애무하는 과정에서 단지 야동에서처럼 음부를 손가락으로 후비듯 세게 자극하거니 혀를 대고 날름거리는 행위만으로는 여성이 오르가슴을 느끼기 어렵다.

여성의 몸에 대한 해부학적 상식과 쾌감의 메커니즘에 대해 조금이라도 안다면 야동에서와 같은 성기 애무가 무의미하다는 것을, 여성의 쾌감을 오히려 방해할 뿐이라는 사실을 깨닫게 될 것이다. 특히 섹스 경험이 아직 적은 여성이라면 남성의 피스톤 운동만으로는 오르가슴을 느끼지 못할 것이다.

속도는 변화무쌍하게, 터치는 섬세하게

남성이 페니스를 얼마나 빠르고 세게 흔드느냐는 섹스에 있어서 그다지 중요하지 않다. 무조건 깊이 찔러 넣기만 하는 것도 큰 도움은 되지 않는다.

직선적이고 단조로운 피스톤 운동보다는 다양한 각도와 방향으로 변화를 주는 리듬감, 무조건 빠르게 지속하는 움직임보다는 빠른 움직임과 느린 움직임을 고루 활용하는 변화가 더 중요하다. 사정하기 전까지 얼마나 오래 버티느냐보다는 이러한 리듬과 변화를 즐길 줄 알고 상대방의 반응을 읽어낼 줄 아는 센스가 좋은 섹스의 관건이다.

여자들은 남자가 젖가슴을 거세게 움켜쥐고 주물럭거리는 것을 별로 좋아하지 않는다. 그보다는 예상하지 못한 타이밍에 손끝으로 살짝 건드리는 촉감에 짜릿함을 느낀다. 남자가 혼자 질주할 때가 아니라 여자의 질의 변화에 따라 같이 반응해줄 때 비로소 흥분한다.

따라서 피스톤 운동의 속도 자체보다는 피스톤 운동 전까지 여자의 몸을 달구는 과정에 집중해야 한다. 결국 좋은 섹스는 두 사람의 몸의 일체감이자 상대방의 반응에 대한 이해와 배려다.

[Point]

단조로운 피스톤 운동이 계속될 때 여성은 애액 분비량이 감소하여 통증과 불쾌감을 느낄 뿐이다.

〈3〉 여자들은 '큰 것'에 환장한다?
→ 여자를 감동시키는 건 사이즈가 아니다

♥♡♥

> 대부분의 남자들은 '대물 콤플렉스' 즉 '나의 페니스가 남들보다 작은 게 아닐까?' 하는 콤플렉스를 어느 정도 가지고 있다. 한국 남성들은 그 정도가 특히 심한 편이다. 페니스의 크기나 발기력을 자신감의 상징으로 삼는 것은 전 세계 남성의 본능에 가깝다고 할 수 있다. 그러나 여자들이 무조건 '큰' 남자를 좋아한다는 것은 남자들만의 오해다.

한국 남성 페니스의 평균 길이는 발기하지 않았을 때 7.4cm, 발기되었을 때 12.7cm라고 알려져 있다. 남성의 페니스 크기는 인종마다 조금씩 다르며 일반적으로 유전에 의해 결정되는데, 특별한 병증에 의한 것으로 진단받지 않는 한 크기 자체가 성생활에 결정적인 영향을 끼치는 것은 아니다.

여성들의 입장에서도 사이즈가 작은 페니스를 선호한다고 할 수는 없겠지만, 의외로 여성들이 기피하는 것은 작은 페니스보다는 오히려 너무 크거나 지나치게 길이가 긴 페니스다. 사이즈가 너무 크면 삽입할 때 통증으로 인해 상대 남성과의

144

섹스에 대한 반감을 불러일으키고, 길이가 너무 길면 피스톤 운동 시 자궁 하부를 찔러 역시 통증을 유발하기 때문이다. 그래서 생각보다 많은 여성들이 '대물'에 대한 공포증을 가지고 있다. 남자들이 잘 모를 뿐이다.

사이즈가 크면 클수록 여자들이 좋아할 거라고 생각하여 확대수술을 받거나 페니스에 특별한 장치를 하는 남자들도 간혹 있지만, 너무 큰 페니스는 오히려 여자들에게 공포감과 거부감을 유발할 뿐이다.

여자들은 큰 페니스를 오히려 두려워한다

'사이즈가 크지는 않지만 애무를 잘 하는 남자'와 '평균보다 훨씬 큰 사이즈만 믿고 밀어붙이는 남자'가 있다면 여자들의 선호도는 당연히 전자 쪽이다.

남성의 페니스 사이즈가 너무 작아 '들어온 것 같지도 않더라'며 불만을 토로하는 여성들도 있다. 그러나 상황을 자세히 살펴보면 그 경우는 '단지 작기 때문'이기보다는 '애무를 제대로 하지 않았기 때문'인 경우가 대부분이다. 애무가 충분치 않은 상태에서는 기계적인 피스톤 운동만으로 오르가슴에 이르지 못하는 것이 당연한데, 섹스에 대해 잘 모르다 보니 그 원인을 사이즈에 있다고 단정 짓는 것이다.

이는 남성의 사이즈가 큰 경우도 마찬가지다. 신체 구조상 여성의 질은 효과적인 전희에 의해 남성의 사이즈에 맞게 신축성 있게 변화하기 때문이다. 페니스 크기가 작아서 섹스가 즐겁지 않았다고 하는 것은 섹스에 미숙한 남녀 모두의 착각일 수 있다.

사이즈보다는 불충분한 애무가 문제

남성의 삽입 이후 여성이 성적 쾌감을 느끼는 것은 삽입 자체 때문이라기보다는 남성 성기의 뿌리 부분이 여성의 클리토리스와 질 입구를 적절히 자극하기 때문이다. 여성의 질은 깊이 들어갈수록 오히려 감각이 둔해진다. 여성들이 생리 때 삽입형 생리대(탐폰)를 착용하고도 거의 이물감을 느끼지 않고 일상생활을 할 수 있는 것도 이 때문이다.

신경이 집중되어 있어 자극에 민감하게 반응하는 부위는 질 내 깊숙한 곳이 아니라 질 입구 부분이다. 이 부위를 어떻게 자극하느냐에 따라 오르가슴의 정도가 좌우되는 것이지, 얼마나 깊이 삽입했느냐가 쾌감에 직접적인 영향을 끼치는 것은 아니다.

사이즈가 크지 않음에도 불구하고 여자들에게 '섹스 잘 하는 남자'로 인정받는 남성들은 특히 여성의 클리토리스를 어떻게 자극해야 오르가슴에 이르게 할 수 있는지를 잘 알고 있는 경우가 많다. 이는 여성들이 자위를 할 때 질 내 삽입보다는 클리토리스 자극만으로 오르가슴에 이르는 경우가 더 많다는 사실로도 증명된다.

남성과의 삽입 섹스에 있어서도 여성들은 삽입보다 애무, 그 중에서도 쿤닐링구스(남성이 여성에게 해주는 오럴섹스)로 인해 절정의 쾌감을 느끼는 경우가 많다. 즐거운 성생활에 거대한 페니스는 그다지 필수요소가 아니다. 하지만 클리토리스 애무가 없는 섹스로는 여성이 오르가슴을 느끼기 어려울 것이다. 그렇기 때문에 섹스에 대한 불만족을 페니스 사이즈 탓으로 돌리거나 단지 크기 때문에 콤플렉스에 시달리는 것은 쓸데 없는 걱정에 불과하다.

페니스만 큰 남자가 여자에 대한 이해와 배려 없이 힘과 속도만으로 섹스에 임했을 때 여자들은 그 섹스를 고통스럽고 지루한 시간으로, 그리고 그를 매우 이기적인 남자로 기억한다. 반면 페니스가 그리 크지는 않지만 여성의 몸을 잘 알고 애무에 공을 들이며 여성이 오르가슴에 이르기까지의 과정에 적극 참여하는 남성은 여성을 감동시키게 마련이다. 그래서 섹스를 즐길 줄 아는 여성일수록 '큰 남자가 좋다'고 하지 않고 '너무 작지만 않으면 크기는 상관없다'라고 대답하는 것이다.

남성들이 사이즈에 집착하는 것과 달리, 지나치게 크고 긴 페니스는 여성의 성적 쾌감에 도움이 되지 않는다.

'야동'이 당신에게 하는 새빨간 거짓말

오르가슴

- 거짓 : 남자가 손을 대자마자, 혹은 피스톤운동을 시작하자마자 자지러지게 교성을 지르며 절정에 다다른 듯 황홀한 표정을 짓는 여자.

- 진실 : 포르노에 등장하는 여자들은 엄연히 연기자들임을 잊지 말라. 그들은 동영상의 소비층인 남자 시청자들과 제작자의 요구에 따라 최선을 다해 연기를 하고 있는 것이지 정말로 오르가슴에 이른 것은 아니다. 여성의 오르가슴은 간단한 애무 몇 가지와 피스톤운동만으로 마치 기계의 스위치 작동시키듯이 자동적으로 도달되는 것이 아니다.

성기

- 거짓 : 성기 주변의 깔끔한 피부, 완벽한 대칭을 이루는 핑크빛 소음순, 남성 배우의 거대한 페니스 등.

- 진실 : 도색잡지나 포르노에 등장하는 배우들이 성기에 화장 혹은 성형 시술을 하는 것은 잘 알려져 있는 상식이다. 성기와 성기 주변, 항문 주변 피부에 대한 화학적 미백, 문신, 화장, 왁싱(제모)를 통해 소위 '화면발'을 잘 받고 지저분해 보이지 않도록 작업을 미리 해 놓은 상태다.

여배우들은 소음순이 핑크색의 대칭으로 보이도록 성형을 하는 경우가 많다. 실제 여성들의 소음순의 모양과 색깔은 비대칭이거나 쭈글쭈글하거나 색이 짙은 것 등 사람마다 천차만별이다.

남자배우들은 음모를 정리하기도 하고, 압축기 등으로 촬영 직전 페니스에 피가 몰리게 하여 일시적으로 커 보이게 하는 방법을 쓰는 경우도 있다. 그리고 일반적으로 화면에 비춰지는 사물은 실제보다 커 보이므로, 포르노 남자배우들의 페니스는 실물보다 커 보이는 것이 일반적이다.

정액

- 거짓 : 남자배우가 사정을 할 때 여자배우의 몸을 향해, 혹은 사방에 분수처럼 흩뿌리는 것.
- 진실 : 남성의 사정액은 실제로는 아주 양이 적다. 또한 분사되듯이 나오는 경우도 있지만 흘러나오듯이 나오기도 한다. 성인동영상에 등장하는 정액 분출 장면은 사실은 극적 효과를 위해 연출된 경우가 대부분이다.

정액 삼키는 여자

- 거짓 : 남자가 사정을 하자마자 기다렸다는 듯 기쁜 표정으로 남자의 정액을 받아먹거나, 남자가 얼굴에 정액을 뿌리는 것을 기꺼이 즐기는 여자.
- 진실 : 성적 취향에 따라 남성의 정액을 삼키는 것을 개의치 않는 여자들도 물론 있다. 그러나 이는 지극히 개인의 취향 차이일 뿐 모든 여자들이 섹스를 하면 자동적으로 남자의 정액을 삼키고 싶어 하거나 삼키는 것을 즐기는 것은 아니다. 실제로 대부분의 여성들은 역하다고 느끼거나 모욕감을 느끼기도 하고 때로 충격과 상처를 받기도 한다.

강간

- 거짓 : 남자의 강압과 폭력에 처음에는 반항하다가 점차 순종하며 교성을 지르는 여자.

- 진실 : 여성의 거부의사를 남성이 있는 그대로 받아들이지 않는 사고방식은 특히 우리나라와 아시아 문화권에서 두드러진다. 성인동영상에서는 좀 더 자극적인 효과와 성적 판타지 자극을 위해 과도한 설정과 연출을 지향하게 되는데, 이를 통해 섹스를 배운 남성들은 여성에 대한 강압적이거나 폭력적인 행동을 '해도 되는 것'이라 여기고 심지어 강간을 범죄행위로 인식하지 못하는 경우가 많다. 포르노 영상 속의 장면들은 현실이 아니라는 점을 알아야 한다. 여성의 의사에 반하는 강압적인 말과 행동은 어떠한 경우라도 범죄이다.

〈4〉 다들 좋아하던데 왜 너는 못 느껴?
→ 당신이 알고 있는 매뉴얼은 잊어라

♥♡♥

가슴 주무르고, 클리토리스 만지고, 삽입하고, 체위 두어 번 바꾸고, 사정하고 끝. 혹시 이처럼 정해진 순서대로 매번 비슷한 섹스를 하고 있지는 않은가? 뻔한 성감대를 건드리고 뻔한 레퍼토리대로 늘 비슷 비슷한 섹스를 하는 남자들의 상당수가 '난 섹스를 잘 해.' 라고 생각하고, 여자들은 상당수가 '난 원래 오르가슴을 잘 못 느껴.' 라고 생각한다. 단지 피스톤 운동을 오래 지속할 수 있다는 것, 혹은 일반적인 성감대가 어딘지 안다는 것만으로 섹스를 '잘 한다' 내지 '잘 안다' 라고 할 수 있을까?

흥미로운 사실은 전 세계 남성들 중 유독 아시아 남성들은 전희와 애무에 들이는 시간이 상대적으로 짧다는 점이다. 성관계 시 오르가슴을 느끼거나, 혹은 오르가슴을 느끼는 방법을 찾으려 노력하는 여성들의 비율도 서양에 비해 매우 적은 편이다. 성에 대해 보수적인 문화로 인해 남자들은 모르면서도 자기가 안다고 생각하고, 여자들은 모르면서도 알려 하지 않는다. 그 결과 한국 남성들은 무조건 '정력'에만 신경 쓰며 '큰 물건'으로 '오래' 끄는 것만이 능사라 생각하고, 여성들은 스스로를 '섹스 불감증'이라며 콤플렉스에 시달리거나 오르가슴을 '연기'하고 만다.

그리고 그보다 더 큰 문제는 '어설픈 지식'이다. 섹스의 매뉴얼, 성감대의 위치, 전희의 방법 등에 대해 자신이 이제까지 아는 것이 전부라고 생각하는 순간 창의적이고 즐거운 성생활은 더 이상 불가능해지기 때문이다.

성감대는 정해진 지점이 아니라 파트너와 발굴하는 것

삽입 전의 전희 과정에서 남자는 여자의 어디를 어떻게 애무해야 할까? 대개 가슴과 유두를 애무하고 손가락으로 성기를 만져 애액이 조금 분비되기 시작했으면 그걸로 된 거라고 여긴다. 거기서 조금 더 나아가 쿤닐링구스를 조금 하다 곧이어 삽입을 하게 되는데 이것만으로 '나의 애무 테크닉은 최고다.', '이렇게만 하면 모든 여자들이 다 좋아한다.', '여자들은 이 체위를 좋아하더라.'라고 단정해 버린다.

하지만 애무는 단지 가슴과 성기를 공략하고 끝내는 것을 뜻하지는 않는다. 예를 들어 여성의 가슴도 수많은 성감대 중 하나일 뿐 유일한 성감대는 아니다. 실제로 여성들이 자위행위를 할 때 자신의 클리토리스만 자극하고 가슴은 아예 자극하지 않는 비율이 높은 것만 봐도 알 수 있다. 게다가 여성들은 남성이 거센 악력으로 젖가슴을 주무를 때 쾌감이 아닌 통증을 느낄 수도 있다. 쿤닐링구스의 경우에도 단순히 여성의 성기에 혀를 대고 날름거리는 것이 전부가 아니다.

사람의 몸은 스위치를 누르면 바로 불이 들어오는 기계가 아니기 때문에 성감대도 사람마다 조금씩 다를 수 있고, 똑같은 성감대를 건드려도 그 순간의 기분과 흥취에 따라 쾌감의 정도가 전혀 달라질 수 있다. 신체의 특정 부위를 자극했을 때 어떤 사람은 싫어하지만 또 다른 사람은 좋아할 수도 있다. 체위에 대한 선호도도 사람마다 다르다.

따라서 '어디어디를 건드리면 흥분한다.' 는 공식에 얽매여서는 안 된다. 중요한 것은 상대방의 어디를 자극해서 흥분시키느냐가 아니라, 파트너와의 스킨십을 어떻게 즐기느냐에 있다.

둘만의 새로운 매뉴얼을 만들기 위해서는?

창의적인 섹스와 효과적인 애무를 위해서는 기존에 자신이 알고 있는 것만을 믿지 말고 매번 새로운 매뉴얼을 만들어보려는 노력이 필요하다. 그러기 위해서는 다음과 같은 사항을 기억해둬야 한다.

1. 성감대는 사람마다 다르다.

모든 사람의 공통적이고 기본적인 성감대(가슴, 성기, 엉덩이 등)가 있는 것은 사실이지만, 그것이 어느 부위인지는 모든 사람이 똑같지 않다. 100명 중 99명이 좋아했던 성감대나 체위였다 할지라도 현재의 파트너에게는 아닐 수도 있다. 따라서 지금껏 알고 있는 지식에만 의존하지 말고 현재의 파트너와 호흡을 맞춰 새롭게 발굴하려 해야 한다.

2. 평소에는 성감대라고 생각하지 못했던 부분이 새로운 성감대가 될 수도 있다.

예 : 발가락, 회음부(항문과 성기 사이), 가슴과 성기 사이의 길목(배, 배꼽, 사타구니 등), 오금, 무릎 측면, 눈꺼풀, 뺨, 겨드랑이 등

3. 흥분을 느끼는 부위는 그 순간의 분위기와 그날의 기분에 따라 매번 바뀔 수 있다.

상대방과 호흡을 맞추며 상대방의 기분과 신호를 읽어내는

노력을 하라. 상대방의 좋고 싫은 신호를 읽어내려면 정성과 시간을 투자할 줄 알아야 한다.

4. 어느 부위를 자극하느냐보다 자극하는 방식이 더 중요하다.

예 : 손가락이나 발가락을 입에 넣고 빨기, 목덜미에 입김 불어넣기, 손가락 끝으로 어깨나 쇄골을 가볍게 쓸어내리기, 손등으로 등을 쓸어내리기, 코끝을 가까이 대고 상대방의 체취를 맡기, 귓불에 입술을 가볍게 대기, 함께 거품목욕을 하며 상대방의 몸의 구석구석을 마사지하기, 성감대에 혀끝만 가만히 가져다 대기 등

5. 한 가지 체위만 고집하는 것도, 체위를 너무 자주 바꾸는 것도 문제다.

어떤 남성들은 자기가 체위 종류를 이만큼 많이 알고 있다고 과시라도 하듯이 수시로 자세를 바꾸는 데 집착하기도 한다. 한 가지 체위만으로 단조롭게 진행하는 것도 문제지만, 상대방이 몰입할 때까지 기다리지 못하고 이 체위 저 체위 바꾸기만 하는 것도 문제다. 상대방을 체위 실험 마루타처럼 취급하지 말아야 한다.

6. 상대방을 흥분시키려 조급하게 굴지 말고 서서히 달구는 과정들을 즐겨라.

애무는 흥분의 수단이 아니라 과정이다. 어느 부위를 자극해서 빨리 흥분시켜야 한다는 강박관념을 버리고 상대방의 몸을 천천히 달구고 덥히는 매 순간을 음미할 수 있어야 한다.

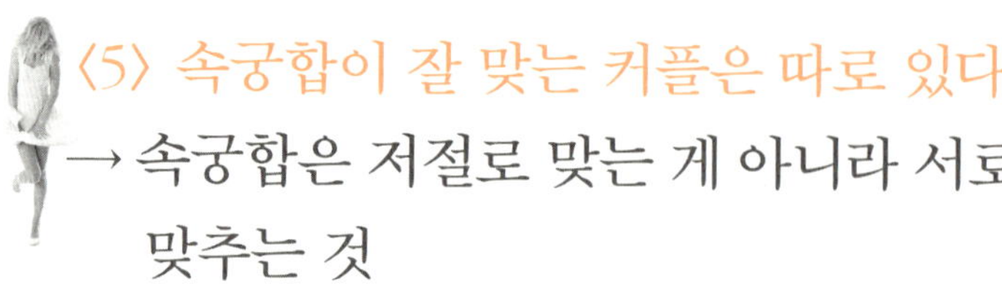

〈5〉 속궁합이 잘 맞는 커플은 따로 있다?
→ 속궁합은 저절로 맞는 게 아니라 서로 맞추는 것

♥♡♥

과연 '속궁합'의 정체는 무엇일까? 남녀가 '속궁합이 잘 맞는다.'는 것은 어떤 것을 의미하는 것일까? 흔히 "그 사람과 속궁합이 잘 맞아."라는 말을 하지만 그것이 정확히 무엇을 의미하는지에 대해서는 의견이 분분하다. 어떤 이들이 두 사람이 삽입 상태에서 성기의 사이즈가 잘 맞기 때문이라고도 하고, 또 어떤 이들은 애무의 방식이나 취향에 있어서 서로 커뮤니케이션이 잘 되기 때문이라고도 한다. 그렇다면 속궁합이라는 것은 아무런 노력 없이 처음부터 저절로 생기는 것일까, 아니면 노력으로 만들어갈 수 있는 것일까?

흔히 속궁합이 잘 맞는다고 말하는 커플에게서는 다음과 같은 특징들이 발견된다.

- 삽입했을 때 상대방의 성기 사이즈와 느낌에 만족한다.
- 페니스 사이즈와 질의 사이즈가 잘 맞는다.

- 전희, 후희 등 애무 시간이 길고 애무 과정 자체를 즐긴다.

- 적당하다고 여기는 섹스의 횟수와 타이밍이 서로 비슷하다.

- 섹스에 관한 다양한 지식(체위, 테크닉 등)에 관심이 많고 새로운 지식을 실전에서 적용해보는 것을 서로 즐긴다.

- 자신 및 이성의 몸에 대해 잘 안다.

- 파트너의 특징적인 성감대와 성적 취향에 대해 잘 안다.

- 파트너와 성적인 친밀도가 높아, '다른 사람과는 잘 맞지 않는다.' 혹은 '그 사람의 몸에 길들여졌다.' 는 표현을 한다.

그 남자의 변명 "그녀의 거기가 너무 헐거워." vs 그 여자의 변명 "그의 것이 너무 작아."

남자들의 경우, 상대 여성과 속궁합이 맞지 않는 이유에 대해 대개 이런 불평을 하곤 한다.

"그녀의 질이 너무 헐겁다. 제대로 조이지 않는다."

반면 여자들의 경우, 상대 남성과 속궁합이 맞지 않는다고 할 때 다음과 같이 말한다.

"그의 페니스가 너무 작다. 삽입했을 때 꽉 찬 느낌이 안 든다."

이처럼 남자들은 속궁합이 안 맞는 책임을 여자에게 돌릴 뿐 '조이지 않는' 원인이 어디에 있는지를 잘 알지 못하고, 여자 들은 단지 상대방의 '사이즈 때문' 이라고 막연히 생각할 뿐 자신의 몸이 얼마나 다양하고 새롭게 변화할 수 있는지를 미처 알지 못한다.

남성의 페니스는 발기 시 최대 사이즈에 한계가 있지만, 여성의 질은 오르가슴 여부에 따라 소위 '조이는' 정도가 달라지는 구조로 되어 있다. 최고의 오르가슴에 도달했을 때와 그렇지 않은 때의 질의 수축력이 달라진다는 얘기다. 충분하고 만족스러운 애무로 뜨겁게 달궈진 여성의 몸은 그만큼 남성을 강하게 조일 수 있지만, 부족하고 불만족스러운 애무 후의 성급한 삽입에서는 페니스를 조이는 정도가 그만큼 약해진다. 이 기초적인 원리를 깨닫지 못한 채 상대방을 탓하다 '그 사람과 맞지 않는다.' 고 결론을 내리는 것이다.

'조이는' 여자는 남자하기 나름
& '강한' 남자는 여자하기 나름

흔히 남자들은 간단한 애무 후 '그녀의 그곳에서 애액이 분비됐다.' 를 '그녀가 성적으로 흥분했다.' 는 신호로 받아들이고 곧바로 삽입하려 한다. 그러나 여성의 몸에서 분비되는 애액은 외부 자극에 대한 반사작용일 뿐 애액 자체가 충분한 성적 쾌감의 결과인 것은 아니다. 전희 때 애액이 잠시 분비되었다 해도 페니스를 삽입한 다음부터는 더 이상 분비되지 않아 삽입 후 통증(성교통)을 느끼는 여성들도 적지 않다. 이러한 상태에서 남성이 피스톤 운동의 힘과 지속 시간에만 집착하다 보면 여성은 더 이상 쾌감을 느끼지 못하여 질이 건조해지고 수축력이 떨어지기도 한다. 이로 인해 남성이 '헐겁다'고 느끼는 것이다. 결국 '잘 조이는 여자'는 남자가 어떻게 하느냐에 달려 있다고 해도 과언이 아니다. 충분한 쾌감으로 오르가슴을 느낀 여자만이 남자를 조일 수 있기 때문이다.

속궁합이 안 맞는다고 불평하는 사람들은 대개 상대방만을 탓하게 마련이고, 무엇이 문제인지에 대해 더 이상 알려 하지 않는다. 상대방에게 불만이 있어도 속으로만 꾹 참는다. 심지어 관계 초반에 혹은 신혼 때 '우린 속궁합이 잘 맞아.'라고 생각했던 커플이라 할지라도, 늘 같은 방식만을 고수하다 보면 언젠가는 매너리즘에 빠질 수밖에 없다. 후배위 체위를 좋아한다고 하여 항상 후배위만을 고집한다거나, 상대방의 성감대를 다 안다고 생각하고 늘 같은 부위만을 애무한다면 나중에는 아무 감흥을 못 느낄 수 있다.

이제까지의 애무 방식이 정말 상대방을 만족시켰는지, 그동안 한 번도 해보지 않았던 새로운 방식으로 색다른 부위를 자극해보려는 노력을 하지 않았는지, 여성의 회음부를 자극하거나 엉덩이 밑에 베개를 받치는 등 질 수축에 도움이 되는 새로운 방법을 써보지는 않았는지 되돌아볼 필요가 있다.

섹스는 남자가 여자에게, 혹은 여자가 남자에게 일방적으로

노력봉사를 하는 것이 아니라 쌍방 호흡이자 커뮤니케이션이
다. 크기, 시간, 테크닉보다 중요한 것은 두 사람이 서로의 섹
스 스타일과 취향을 맞춰나가려고 노력하는 것이다. 매번 새
로운 방식을 시도하고, 체위와 애무에도 변화를 줘보고, 각자
의 느낌에 대해 대화를 충분히 나눌 수 있어야 한다. 속궁합이
잘 맞는다는 것은 결국 '두 사람 모두 오르가슴에 도달했다.'
는 의미와 다를 바 없다.

[Point]

　속궁합이 맞는다는 것은 단지 성기의 합만을 의미하는 것은 아니다. 성
적 커뮤니케이션을 위한 두 사람의 지속적인 노력이 좋은 속궁합을 만들
어낸다.

〈6〉 내 아내는 섹스를 싫어해
→ 섹스가 싫은 게 아니라 '당신과의 섹스'가 문제다

♥♡♥

사랑해서 결혼을 한 부부지만 결혼생활이 지속되면서 부부 성생활도 처음과 같지 않아지는 경우가 많다. 특히 아내가 임신과 출산을 한 이후부터 부부의 성생활은 커다란 변화의 기로에 서게 된다. 출산과 육아로 인한 육체적 피로와 정신적 스트레스, 그리고 질 근육의 일시적인 손상 등 섹스 트러블의 원인을 아내에게서 찾는 경우가 많지만, 남편들이 아내의 어려움을 함께 극복하려 노력한다면 얼마든지 활발한 성생활을 회복할 수 있다. 다만 방법과 요령을 모를 뿐이다.

많은 학자들의 주장에 의하면 남성과 여성은 자손 번식에 관한 유전적 본능이 서로 다르다. 즉 남성은 자신의 유전자를 되도록 널리 퍼트리려 하고, 여성은 우월한 유전자를 지닌 남성을 선별하여 자손을 잉태한 다음 출산하고 양육하는 데 더 주력한다는 것이다. 실제로 출산과 양육을 경험한 많은 부부들은 부인이 출산을 한 후 한동안 육아에 치중하느라 섹스에 홍

미를 잃고 남편을 멀리한다는 이야기를 많이 한다.

최근에는 아내의 고통을 이해하려 하고 육아에 동참하며 좋은 아빠가 되기 위해 노력하는 것이 일종의 유행처럼 되어가는 추세이지만, 기존의 상당수의 남편들은 바로 이 시기에 아내와의 섹스트러블을 호소하는 경우가 많았다.

아내는 출산, 수유, 육아로 인해 심신이 지칠 대로 지쳐 성욕을 잃어버린 상태인 데다, 출산 직후에는 질에서 분비되는 애액의 양이 적어져 삽입 시의 통증이 커지기도 하고 자궁과 질 근육의 탄성도 출산 전보다 떨어져 있을 수밖에 없다.

남편이 이러한 아내의 고충을 충분히 이해하지 않고 '아내의 조이는 느낌이 예전과 같지 않다.' 라거나 '더 이상 아내에게서 성욕이 느껴지지 않는다.' 라고 하며 섹스트러블을 방치하는 것이다. 아내의 정신적, 육체적 어려움을 이해하고 도와주기는커녕 자신의 성욕 해소를 위해 밤에만 덤벼들려 하는 남편을 아내는 점점 더 거부하게 되고, 이러한 트러블이 장기화되다 보면 남편들은 결국 '아내가 섹스를 싫어한다.' 는 이상한 결론을 내린다. 더 나아가 아내를 탓하며 자신의 외도를 정당화하기도 한다.

황홀한 섹스를 꿈꾸는 건 아내도 마찬가지다

"아내가 애 낳고 나서 그곳이 헐거워졌다."

위와 같은 말을 스스럼없이 하는 유부남의 비율이 우리나라에는 다른 문화권보다 유독 많은 편이다. 그만큼 섹스트러블을 겪는 부부들이 많고, 그럼에도 불구하고 상호간의 노력으로 개선시킬 수 있다는 생각을 하지 못한 채 부부간의 육체적 관계가 점점 더 소원해지는 것을 으레 그러려니 한다. 게다가 성 트러블에 관한 마음속의 불만을 배우자에게 솔직히 털어놓지도 못한다.

출산 후 어느 정도 시간이 지나고 나면 아내 역시 황홀한 섹스를 원하고 최고의 오르가슴을 그리워하게 된다. 그럼에도 불구하고 아내가 남편과의 섹스를 거부하는 것은 남편이 아내를 배려하지 않는 이기적인 섹스를 하려 하기 때문이다. 아내의 기분과 성적 취향을 고려하지 않은 섹스, 충분한 전희를 하지 않은 채 오로지 남자 자신의 성욕을 해소하려는 의도밖에 보이지 않는 섹스이기 때문이다.

이기적인 남성 앞에서 여성의 몸과 마음은 굳게 닫히게 마련이다. 그 결과 아내는 남편과의 섹스에 흥미를 잃은 채, 남편이 잠든 후 남편 몰래 자위행위를 통해 오르가슴을 느끼는 것으로 성욕을 해소하기에 이른다.

부부 성생활은 끊임없이 업그레이드시키는 것

아내 몰래 야동을 보거나 외도를 하는 남편, 그리고 남편 몰래 자위행위를 하는 아내. 이러한 부부가 침대에서 서로 등을 돌린 채 각자 잠드는 것이 습관화되었다면 이미 섹스 트러블을 겪고 있는 것이다. 신혼 초의 감정이나 연애할 때의 감정이 더 이상 생기지 않고 설렘 대신 익숙함이 일상화되는 것은 부부간에 지극히 당연한 일이지만, 부부관계는 세월과 함께 새롭게 업그레이드시킬 수 있다.

부부간의 성생활을 업그레이드시키기 위해서는 다음 두 가지를 염두에 둘 필요가 있다.

첫째, 배우자의 성적 취향을 다 안다고 단정 지어서는 안 된다.

부부는 서로를 잘 안다고 생각하는 경우가 많지만, 섹스에 관한 한 상대방을 늘 낯설게 바라볼 필요가 있다. 예전에는 좋아하지 않았던 체위에 새로운 호기심을 느낄 수도 있고, 예전에는 생각하지 못했던 부위가 성감대가 될 수도 있다. 새로운 성적 판타지에 눈뜨게 될 수도 있고, 집이 아닌 다른 장소에서 마치 처음 연애할 때와 같은 감정이 되살아날 수도 있다. 새로운 시도를 하지 않는 한 성적인 매너리즘은 해소되기 어렵다.

둘째, 출산 후 여성의 질 근육은 시간이 지남에 따라 다시 탄력을 되찾는다.

출산으로 인해 회음부를 절개하고 질 근육이 늘어나면 다시 회복하기 어려운 줄 아는 사람들이 많다. 하지만 실제로 여성의 질 근육은 출산 후 시간이 흐르면서 자연스럽게 탄력을 되찾는다는 것이 산부인과 전문의들의 공통적인 소견이다. 신체의 상처가 시간이 지나면 점차 아물고 새살이 돋아나듯이 자궁과 질 벽의 근육도 탄력성이 회복된다는 것이다. 게다가 평소 질 근육을 수축했다 풀었다 하는 케겔운동을 꾸준히 하고 적당한 운동으로 건강관리를 병행한다면 얼마든지 처녀 때와 같은 탄력을 되찾을 수 있다. 오히려 출산 후 성감이 더 좋아졌다고 하는 여성들도 많다. '아내의 그곳이 헐거워졌다' 는 남편들의 불평은 배우자를 위해 노력하지 않는 것에 대한 핑계일 뿐이다.

〈7〉 안에다 하지 않으면 된다?
→ 성인이라면 꼭 알아둬야 할 피임 상식

♥♡♥

외국에서는 청소년들에게 콘돔 착용법 등 공교육에서의 성교육을 철저히 시키는 반면 우리나라는 급속히 개방적으로 변화하고 있는 성적 트렌드에 비해 피임법 등 기본적인 성지식 교육이 매우 부족한 편이다. 특히 우리나라 남성들은 착용감 불만 등을 이유로 콘돔 착용을 기피하는 경향이 있다. 그러다 보니 성인이 되어서까지 다음과 같은 잘못된 상식을 철석같이 믿는 사람들이 의외로 많다.

피임에 관해 다음과 같은 잘못된 상식을 알고 있는 성인남녀가 의외로 많다.

- 질외사정을 하면 피임을 할 수 있다.
- 사정하는 타이밍을 완벽하게 조절할 자신이 있다.
- 여자의 월경주기에 따라 '위험하지 않은 날' 이면 괜찮다.

위와 같은 잘못된 상식을 가지고 매번 콘돔 없이 성관계를 갖는 습관을 가진 남성들과 피임하지 않은 채 성관계를 맺는 여성들이 적지 않다. 특히 사정을 자기 스스로 조절할 수 있다며 남성이 여성을 설득하는 경우가 많다. 그러나 질외사정과 날짜계산을 피임법으로 여기는 사람일수록 섹스와 피임에 있어 '초짜'일 확률이 높다. 흔히 '자연피임법'이라고도 일컫는 다음의 방법들은 피임 효과가 미미하다는 점에서 의학적인 의미에서는 '피임법'이라고 부르기 어렵다.

- 질외사정

남성의 정자는 정액에만 있는 것이 아니라 사정 전의 분비물(쿠퍼액)에도 이미 들어있다. 따라서 질 내에서 피스톤 운동을 하다 질 밖에 사정하는 것은 피임의 의미가 별로 없다.

- 월경주기 계산

여성의 월경주기에 따라 배란기를 예상하여 그 기간에만 성관계를 피하면 된다고 생각할 수도 있다. 그러나 정자가 여성의 체내에서 일주일까지 살아있을 수 있다는 점, 배란은 배란기 이외에도 일어날 수 있다는 점, 월경주기는 다양한 요인에 의해 불규칙하게 바뀔 수 있다는 점에서 날짜 계산으로 피임을 하는 것은 매우 위험한 방법이다.

- 기초체온 측정

여성의 체온은 배란 직후 0.2℃ 떨어졌다가 곧 0.5℃ 올라가 생리 시작 때까지 지속된다. 즉 매일 아침 체온을 쟀을 때 배란기에는 체온이 높아진다는 점에 착안하여 배란기를 예상할 수 있다. 그러나 체온만으로 배란일을 예상하는 것은 월경주기 계산만큼이나 불완전한 방법이다.

대표적인 피임법은?

〈남성이 하는 피임〉

콘돔

- 가장 전통적이고 확실한 피임도구. 피임은 물론이고 성병 예방에 가장 효과적인 수단.

- 단점 : 손상되거나 찢어진 경우 피임에 실패할 가능성이 있다. 콘돔은 포장을 뜯지 않았어도 주머니나 지갑에 오래 보관했을 때 곧잘 손상될 수 있으므로, 오래된 콘돔은 가급적 사용하지 않는 것이 좋다. 성관계 시 사용하는 윤활제 등에 의해서도 손상 가능성이 있으므로 찢어지지 않았는지 여부를 확인해야 하고, 윤활제를 사용한다면 지용성보다 수용성을 사용한다.(대부분의 콘돔에는 윤활제가 있으므로 별도로 바르지 않아도 된다.)

1. 손가락으로 콘돔 끝의 공기를 뺀다.

2. 페니스의 포피를 젖힌다.

3. 콘돔의 둥근 링 부분을 귀두에 닿게 한 후 아래쪽 뿌리 부분까지 굴려 내린다. 돌출 부위를 비틀어 납작하게 만들어 공기를 빼두어야 찢어지거나 빠지지 않는다.

주의1) 사정한 후에 페니스를 질에서 빼낼 때, 콘돔이 씌워진 페니스 뿌리 부분을 잘 붙잡고 꺼낸다. 만약 이 과정에서 여성의 질 내부에서 콘돔을 놓쳤다면 피임에 실패했을 확률이 있으므로 여성이 사후피임약을 반드시 복용해야 한다.

주의2) 포경수술을 받지 않은 남성의 경우, 콘돔을 씌울 때 포피를 젖혀 뒤두를 노출시켜 준 후 콘돔을 씌운다. 페니스에 콘돔이 거의 다 씌워진 후 포피를 다시 밀어 올리면 된다.

정관수술

- 남성의 정관(정자가 이동하는 통로)을 묶어 정자의 외부 배출을 차단하는 수술. 피임 효과가 영구적으로 지속되는 확실한 방법으로, 수술 후 성생활에 지장이 없으며 사정 시 배출되는 정액의 양에도 아무런 변화가 없다. 복원수술 시에는 다시 정자가 배출될 수 있다.

- 단점 : 수술 직후에는 체내 정자가 아직 남아 있기 때문에 수술 후 9회 정도의 성관계(사정)까지는 다른 피임방법을 병행해야 한다.

〈여성이 하는 피임〉

경구피임약

- 여성이 호르몬 약제를 복용(21일 복용+7일 휴약 유형 혹은 28일 복용 유형이 있음)하여 배란 및 수정란 착상을 막는 방법. 여성이 임신을 조절할 수 있는 비교적 안전한 피임법. 생리불순이나 여드름 치료 효과, 난소암과 자궁암 예방 효과도 있다.

- 단점 : 매일 같은 시간에 한 알씩 복용해야 하며, 복용을 하루라도 거르면 피임 효과가 즉각 떨어지므로 이때는 콘돔 등 다른 피임법을 병행해야 한다. 깜빡 잊고 걸렀거나, 항생제 등 다른 약을 복용하거나, 구토나 설사를 했을 경우 약효가 떨어질 수 있다. 요즘의 피임약은 부작용이 적은 편이나, 간혹 체질에 따라 구토, 메스꺼움, 설사 등 부작용이 있을 수 있다.

질 살정제

- 정자를 죽이거나 활동을 방해하는 성분으로 되어 있는 좌약 형태의 약으로서 성관계 전에 질 안에 삽입. 사용이 간편하다는 장점이 있고, 좌약, 크림, 젤리 등의 형태가 있다.

- 단점 : 1회의 사정에만 효력이 있으며, 녹는 데 걸리는 시간을 감안하여 삽입 후 5~10분 이후에 효과를 볼 수 있다. 30분 내에 사정해야 하고, 사정 후 6~8시간 동안 그대로 두어야 한다. 피임 실패율이 높아 단독 피임법으로 활용하기 어렵다.

사후피임약

- 성관계 후 응급상황에서 복용하는 것으로서, 질 내 사정 후 72시간 이내에 병원 처방을 받아 복용해야 한다. 프로게스테론 성분이 들어 있어 배란을 늦추고 수정을 방해하고 정자 이동을 방해하여 수정란이 자궁에 착상되지 않도록 한다.

- 단점 : 갑작스러운 호르몬 변화로 인해 심한 부작용(구토, 메스꺼움, 복통, 가슴 통증, 출혈 등)이 있을 수 있으며, 복용 후 구토하거나 설사했을 경우 효과가 떨어지므로 즉시 새 약을 복용해야 한다. 또한 복용했더라도 자궁 외 임신은 방지해 주지 못한다. 일상적인 피임법으로는 사용할 수 없으며 피임 실패 확률도 높다.

루프(자궁 내 장치)

  - 화학제에 의해 수정란 착상을 방해하는 원리. 자궁 내에 삽입하는 장치로서 병원에서 시술을 받아야 한다. 피임효과도 높고, 한 번 시술하면 피임효과가 5년간 지속된다.

  - 단점 : 삽입 후 염증이 생길 수 있고, 염증 발생 시 루프를 제거하고 치료를 받아야 한다. 자궁경부의 루프 줄이 있는지를 매달 확인해야 하고, 실이 발견되지 않으면 병원에 가서 확인해야 한다.

페미돔(여성용 콘돔)

  - 질 내에 삽입하는 여성용 일회용 콘돔. 17~18cm 정도의 길이이며 양쪽에 링이 하나씩 달려 있어 하나는 질 밖에, 하나는 질 안에 넣는다. 피임 효과가 높다.

  - 단점 : 삽입할 때 요령과 연습이 필요하다. 윤활제를 반드시 사용해야 한다. 섹스 도중 바깥쪽에 있는 링이 안쪽으로 들어가면 피임 효과가 떨어진다. 성관계 시 특유의 소리가 나기도 한다. 섹스 직후 바로 꺼내야 한다.

피임격막(질격막, 페서리)

  - 성관계 전(2시간 전~직전)에 여성의 질 내에 삽입하는 반원의 실리콘 막으로 만들어진 피임 기구. 질 내 자궁경부 쪽

에 삽입하여 정자의 통로를 폐쇄한다. 페서리(pessary)라고
도 한다.

  - 단점 : 삽입 방법이 쉽지 않아 연습이 필요하며, 삽입 시 살
정제 성분의 젤을 발라야 한다. 산부인과에서 개인의 신체 사
이즈에 맞게 처방받아야 하며, 사정 후 하루 정도까지 제자리
에 그대로 두어야 한다. 자주 사용할 경우 염증이나 방광염이
생길 수 있다. 한 달에 한 번 정도의 검진을 통해 손상 여부를
체크해야 하고, 1년에 1회 정도 새 것으로 교체해야 한다. 간혹
페니스를 깊이 삽입할 경우 자궁 안쪽으로 밀려 올라갈 수도
있는데, 이럴 경우 쪼그리고 앉아 골반 근육을 움직여 손이 닿
는 아래쪽으로 이동시켜야 한다. 일부 윤활제는 페서리 장치
를 손상시킬 수 있으므로 수용성 윤활제를 사용해야 한다.

임플라논

  - 여성 팔뚝 안쪽 피부에 성냥개비 모양의 기구를 이식하는
피임법. 시술이 매우 간단하며, 한 번 이식하면 피임효과가 3
년 정도 지속된다.

  - 단점 : 개인의 체질에 따라 부작용이 있을 수 있다.

난관수술

- 여성의 난관(한 달에 한 번 난자가 배출되어 이동하는 통로)을 막아 정자와 수정되지 못하도록 하는 수술. 영구 피임을 원할 경우 탁월한 피임법으로, 수술 후 성생활에 지장이 없다.

- 단점 : 남성의 정관수술에 비해 감염, 출혈 등의 부작용이 많고, 자궁 외 임신 가능성이 존재한다.

주사형 피임제

- 3개월(12주)마다 성호르몬 근육주사를 맞는 방법. 매일 약을 복용하는 것보다 편리하며, 피임 효과가 높다. 주사를 끊고 60일이 지나면 임신이 가능해진다.

- 단점 : 두통, 현기증, 위장병, 출혈, 무월경 등 부작용이 있을 수 있다.

피임에 관한 잘못된 상식 Q&A

Q. 피임약을 오래 복용하면 임신이 안 될까?

A. 피임약을 장기 복용(최장 2년 정도)하면 임신이 잘 되지 않거나 어려울 것이라는 오해를 하는 경우가 많다. 그러나 이러한 오해와 달리 실질적인 통계상으로도 피임약 복용과 불임 혹은 난임과는 연관성이 없는 것으로 밝혀졌다. 장기 복용했다 하더라도 복용을 중단하고 일정기간이 지나면 여성의 임신 능력은 정상적으로 돌아온다고 하는 것이 산부인과 전문의들의 공통적인 견해이다. 만약 임신이 잘 안 되는 경우가 있다면 이는 단순히 피임약 복용 때문이 아닌 다른 요인 때문일 수 있으므로 전문적인 검진을 요한다.

Q. 남자가 정관수술을 하면 정력이 약해질까?

A. 그렇지 않다. 정자는 고환에서 만들어진 후 부고환을 거쳐 정낭과 전립선에 저장되어 있다가 사정 시에 요도로

배출되는 것인데, 정관수술은 정자의 이동 통로인 정관만을 막아놓는 시술이다. 정관수술 후 생성된 정자는 남성의 몸 안에서 자연스럽게 녹아 체내에 흡수될 뿐 수술 자체가 정자 생산이나 정력, 발기 등에 영향을 끼치는 것은 없다. 정관수술에 대한 남성들의 거부감은 심리적인 문제이자 무지로 인한 오해일 뿐이다.

Q. 생리기간에 섹스하면 임신 걱정을 안 해도 될까?

A. 생리 도중에는 임신 가능성이 낮은 것이 사실이지만 100퍼센트 불가능하다고는 할 수 없다. 자궁외임신이나 불규칙한 배란 등의 원인으로 임신이 가능한 경우도 있다. 또한 생리 중에는 여성의 자궁경부가 열려 있어 외부의 세균 침투와 염증에 취약한 상태이므로 가급적 성관계를 하지 않는 것이 좋다.

4장

할 수 있을 때 즐기는
45가지 섹스 체위

1. 남성상위 체위 (정상 체위)

♥♡♥

남녀가 섹스를 할 때 가장 일반적이고 보편적으로 취하는 체위다. 여성이 섹스에 서툴 때, 혹은 남성이 주도권을 갖고 리드하고 싶을 때 취할 수 있다. 서양에서는 정숙하고 신성하다 하여 '선교사 체위' 라 불렀고, 중국 고전 〈소녀경〉에서는 봉황(봉:수컷, 황:암컷)이 날아오르는 자세라 하여 부부의 애정을 상징하는 체위라 하였다.

① 여성이 반듯하게 눕고, 남성이 여성의 위에서 자리를 잡는다.

② 여성의 두 다리 사이에 남성의 다리를 두고 삽입한다.

③ 남성은 두 손이나 팔꿈치로 바닥을 짚는다.

옵션) 여성이 한쪽 다리는 바닥에 쭉 펴고 다른 한쪽 다리는 무릎을 가슴 높이까지 구부리면 질 내부가 팽팽하게 조여지는 효과를 줄 수 있고 클리토리스를 더 자극할 수 있다.

[Good Point]

- 남성과 여성이 서로의 얼굴과 시선을 마주보거나 키스할 수 있어 친밀감을 높여준다.

- 섹스의 첫 시작 체위, 혹은 마무리하는 체위로 선호된다.

- 남성은 허리와 골반 전체를 부드럽고 유연하게 움직이는 것이 중요하다.

- 남성의 체력 소모가 큰 체위이므로 팔이나 다리를 지나치게 긴장시키거나 급하게 움직이지 않도록 주의한다.

- 일반적으로 남성상위 체위는 페니스가 중력의 영향으로 아래쪽을 향하게 되므로 여성상위 체위에 비해 발기 상태 유지

에 더 도움이 된다.

182

- 남성은 팔을 사용해 상체를 더 낮추거나 높이는 등 변화를 줄 수 있다.
- 여성은 양쪽 허벅지를 높이 들어 올리거나 남성의 몸통에 바싹 붙여 변화를 줄 수 있다.
- 남성이 여성의 골반 아래 손을 집어넣어 받치듯이 하며 엉덩이를 애무할 수 있다.

2. 남성상위 체위 변형 ① 무릎 접기

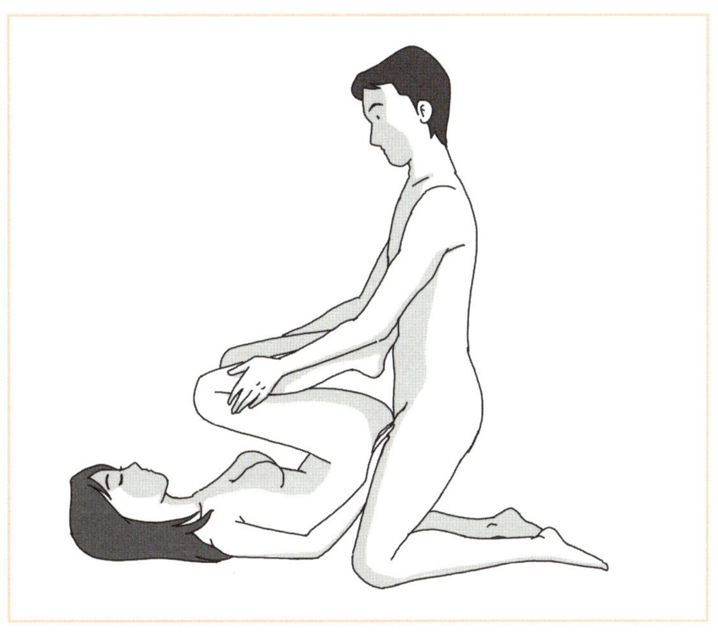

♥♡♥

남성상위 체위는 두 사람의 다리의 위치와 움직임을 어떻게 바꾸느냐
에 따라 수많은 변형 자세를 만들어낼 수 있다. 섹스 초반에 기본적인
남성상위 체위로 어느 정도 몸이 달궈진 후에는 여성의 다리 위치와
무릎의 구부리는 정도를 변화시켜 자연스럽게 다른 체위로 연결할 수
있다. 여성의 허벅지 위치 변화에 따라 남성이 받는 질의 느낌이 달라
진다.

① 여성이 누워서 두 무릎을 접어 자신의 상반신 쪽으로 당긴다.

② 남성은 무릎을 꿇고 앉은 상태에서 여성의 두 다리를 붙잡아 끌어안는다.

③ 남성은 여성의 두 다리를 붙잡은 상태에서 살짝 밀어 올리듯 하며 삽입한다.

④ 남성이 두 손으로 여성의 양 무릎을 활짝 열어 여성의 하체기 위에서 볼 때 M지 모양이 되게 히면 삽입의 깊이가 더 깊어지고, 삽입 장면을 더 적나라하게 볼 수 있다.

[Good Point]

- 여성의 질 내부가 팽팽해져 페니스가 꽉 조여지는 느낌을 받을 수 있다.

- 페니스가 왕복하는 모습을 남성이 곧바로 내려다 볼 수 있어 남성의 지배감을 충족시켜 준다.

- 기본 체위보다 남성의 페니스를 더 깊이 삽입할 수 있다.

- 여성의 클리토리스가 강하게 마찰되어 여성의 쾌감이 높아진다.

- 남성의 페니스 사이즈가 작더라도 단점을 커버하고 삽입

184

효과를 높일 수 있다.

- 여성은 무릎을 최대한 구부려 두 발의 발바닥을 남성의 가슴에 대고 자세를 안정시킨다.
- 남성이 골반을 유연하게 움직이는 것이 관건이다.
- 피스톤 운동 도중 남성이 여성의 클리토리스나 가슴을 손으로 애무하면 여성의 쾌감을 극대화시킬 수 있다.

3. 남성상위 체위 변형 ② 휘감기

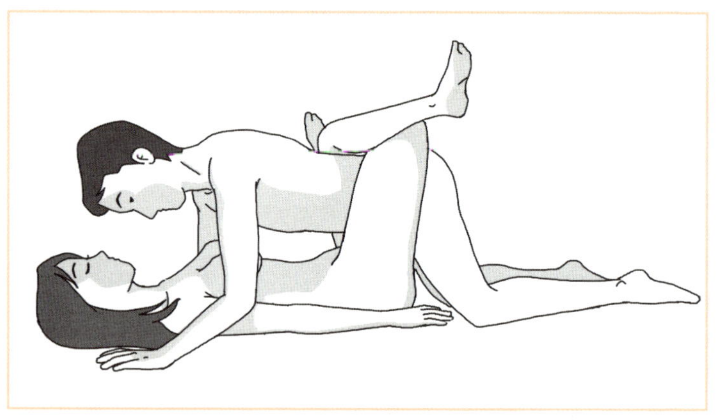

♥♡♥

여성이 눕고 남성이 위에서 엎드려 삽입하는 남성상위 체위 기본자세
에서 여성의 두 다리에만 변화를 준 체위로서, 남성상위 체위이지만
오히려 여성이 남성을 속박하여 리드하는 듯한 느낌을 가미한다. 기본
체위에서 여성이 두 다리로 남성의 몸통이나 둔부를 강하게 휘감을수
록 남성에게 큰 쾌감을 준다.

① 남성상위 체위 기본자세에서 남성이 두 손이나 팔꿈치로 바닥을 지탱하여 여성 위에 엎드린 채로 삽입한다.

② 남성이 삽입한 후 여성이 두 다리를 활짝 열고 무릎을 구부려 양쪽 허벅지 안쪽으로 남성의 엉덩이나 허리 측면을 휘감는다.

③ 남성이 피스톤 운동을 하되, 여성도 골반을 함께 움직인다.

[Good Point]

- 여성이 남성의 아래에 있으면서도 주도권을 잡을 수 있다.

- 휘감는 두 다리에 힘을 가미하거나 무릎을 더욱 구부려 변화를 줄 수 있다.

- 남성의 피스톤 운동에 맞춰 여성이 골반을 함께 움직여 리듬을 탈 수 있다.

- 〈소녀경〉에서는 여성의 다리로 남성의 엉덩이를 둘둘 감는 이 체위를 반복하여 시행하면 소화불량과 비장의 쇠약함, 맥박의 불순함을 치료할 수 있다고 하였다.

- 여성이 두 다리를 구부려 남성 몸통에 바싹 붙인 상태를 유지한다.

- 여성이 두 다리로 남성의 엉덩이를 감듯 하여 남성의 등 뒤나 엉덩이 뒤에서 여성의 두 발목을 교차하듯 엇걸어주면 서로의 밀착감을 높일 수 있다.

4. 남성상위 체위 변형 ③ 어깨 얹기

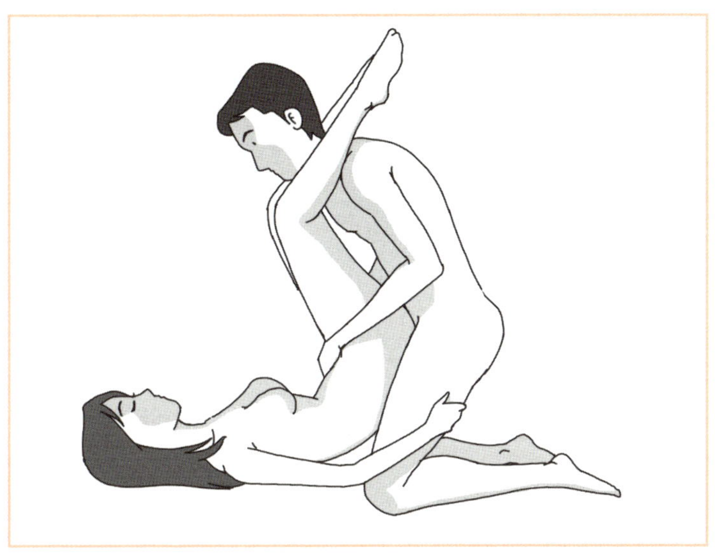

♥♡♥

기본적인 남성상위 체위에서 여성의 다리를 더욱 높이 들어 올려 남성의 어깨에 올려놓은 자세로서, 남녀 모두에게 자극이 깊어지고 특히 남성의 시각적 쾌감을 높여주어 동서고금의 남성들이 선호하는 체위이다.

① 여성이 바닥에 눕고, 남성이 무릎을 꿇고 앉아 여성의 두 다리를 양 손으로 잡아 높이 들어 올린 후, 두 발목을 양 어깨 위에 메듯이 얹는다.

② 여성의 다리를 어깨 위에 놓은 상태로 페니스를 삽입한다.

- 남성의 페니스를 깊이 삽입할 수 있다.

- 남성의 페니스 사이즈가 작거나 체형이 뚱뚱한 경우에도 신체적 단점을 커버하고 삽입 효과를 높여 강한 자극을 줄 수 있다.

- 페니스가 여성의 성기 안팎으로 왕복하는 모습을 남성이 바로 볼 수 있어 시각적 쾌감과 지배욕을 충족시켜준다.

- 여성이 남성에 의해 강하게 지배당하는 느낌을 받아 자극적이다.

- 여성의 자궁 가까이에서 사정할 수 있어 임신을 원하는 부부에게 효과적이다.

- 피스톤 운동 도중 남성이 손으로 여성의 클리토리스나 가슴을 애무하는 것이 좋다.

- 남성이 팔과 어깨를 사용해 여성의 엉덩이와 등까지 바닥에서 끌어올리듯이 하여 무게를 지탱하면 여성을 리드하는 쾌감을 높일 수 있다.

- 여성의 다리를 높이 들어 올릴수록 지스팟이 강하게 자극된다.

- 남성이 양 손으로 여성의 허벅지를 붙잡아 바싹 잡아당기면 페니스를 더 깊이 삽입할 수 있다.

※ 다음 페이지에 제시한 옵션 체위들은 4. 남성 상위 ③ 어깨 얹기 체위에서 약간의 변형을 통해 만들 수 있는 체위들을 예로 든 것이다. 여성이 한 쪽 다리를 내리거나 남성이 상체를 숙이는 정도를 조금만 달리해도 새로운 변형 체위를 시도해 볼 수 있을 것이다.

5. 옵션1)

여성의 두 발목을 어깨에 얹은 상태에서 남성이 상체를 앞으로 깊이 숙이면 여성의 질 내부를 더 강하게 자극할 수 있다.

6. 옵션2)

여성의 한쪽 발목은 어깨에 얹은 상태에서 다른 한쪽 다리를 바닥에 내려놓으면 질의 자극 감도에 변화를 줄 수 있다.

7. 옵션3)

여성의 두 발목을 동시에 남성의 한쪽 어깨에 함께 얹은 후, 남성이 상체를 여성의 상체 위로 깊이 숙인다. 이렇게 하면 여성의 질이 팽팽하게 조여져 남성이 느끼는 쾌감이 고조된다.

8. 남성상위 체위 변형 ④ 꽈배기

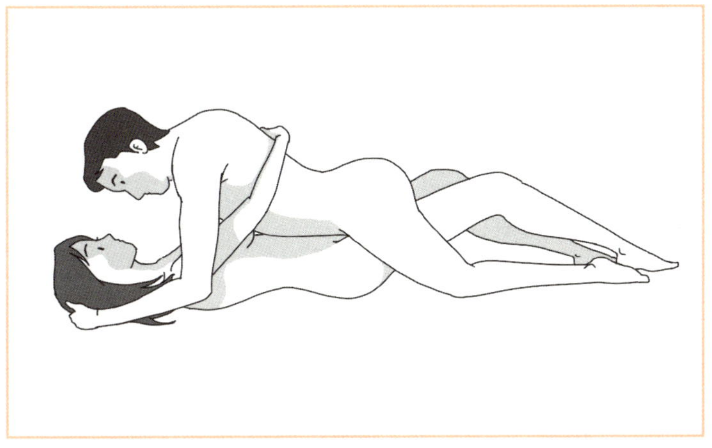

♥♡♥

남성상위 체위에서 여성의 다리 모양을 변형시킨 체위로서, 간단해 보이나 남성과 여성 모두의 체력과 근력을 요하는 자세다. 여성이 두 다리를 남성의 발목에 꼬듯이 하여 자세를 유지해야 하므로 남녀의 하체 밀착감이 커지며 특히 여성의 클리토리스에 가해지는 압력과 마찰감이 극대화된다.

① 여성이 바닥에 눕는 기본적인 남성상위 체위에서 남성이 손이나 팔꿈치로 바닥을 지탱하며 여성 위에 엎드린다.

② 여성이 두 발을 남성의 두 다리 사이로 넣었다가 남성의 양쪽 발목 뒤에 자신의 양 발목을 교차시키듯이 걸어낸다. 혹은 여성이 두 발을 남성의 두 다리 바깥으로 열었다가 남성의 발목 뒤에 자신의 도 발목을 엇걸어 교차시킨다.

③ 여성의 두 발목과 남성의 두 발목이 엇걸어 교차된 상태로 남성이 피스톤 운동을 한다.

- 남성이 피스톤 운동을 할 때 여성의 치골과 클리토리스에 가해지는 마찰이 커진다.

- 여성의 클리토리스 오르가슴에 도움이 된다.

- 남성이 골반을 움직일 때 여성이 발목을 단단히 건 상태로 허벅지를 조금씩만 움직여도 리듬감에 변화를 줄 수 있다.

- 남성과 여성의 하체가 단단히 밀착되어 움직임 자체는 크지 않으나 성기의 마찰과 압력감은 훨씬 커진다.

  - 남성은 힘을 팔과 허리, 복부에 골고루 분산시켜 피스톤 운동을 해야 한다.

  - 남성이 상체 무게를 여성의 상체에 과도하게 싣지 않도록 주의한다.

9. 남성상위 체위 변형 ⑤ 다리 바꾸기

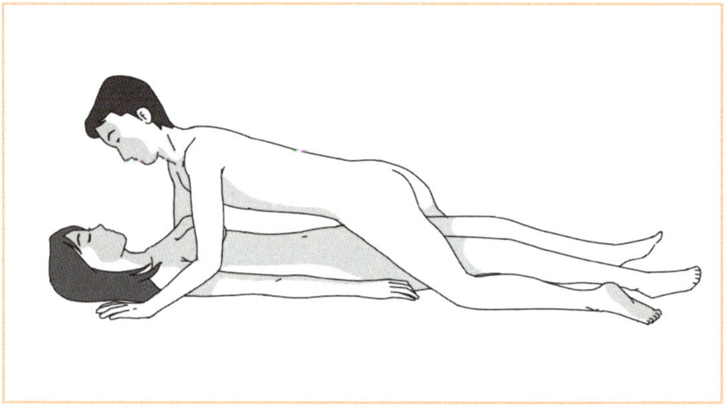

♥♡♥

남성상위 체위 기본자세가 여성이 다리를 벌리고 여성의 다리 사이에 남성의 다리가 들어간 것이라면 이 체위는 남성과 여성의 다리 위치를 안팎으로 바꾼 것이다. 즉 여성이 다리를 모으고 남성이 다리를 벌려 남성의 두 다리 사이에 여성의 다리가 들어간 상태에서 삽입하는 체위이다. 남성이 여성의 하체를 지배하는 듯한 쾌감을 고조시킨다.

① 여성이 바닥에 누워 두 무릎을 살짝 구부리고 남성상위 체위를 준비한다.

② 남성이 페니스를 삽입할 때 두 무릎을 벌려 여성의 다리를 안쪽으로 바싹 모은다.

③ 남성은 양 팔로 바닥을 지탱하며 상체를 세운 다음 허리와 골반을 움직여 피스톤 운동을 한다.

[Good Point]

- 남성은 여성의 하체를 지배하는 느낌을, 여성은 남성에 의해 하체가 지배당하는 느낌을 받는다.

- 삽입 시 여성의 질이 바깥에서부터 좁아져 남성이 조이는 느낌을 크게 받는다.

- 피스톤 운동 시 여성의 클리토리스 및 질의 마찰과 자극이 강해진다.

- 여성의 질에 비해 남성의 페니스 사이즈가 커서 여성이 부담을 느끼는 경우 이 체위를 취하면 페니스를 삽입하는 깊이와 정도를 제어할 수 있다. 즉 페니스를 완전히 삽입하지 않아도 남녀 모두의 만족감을 높일 수 있다.

- 피스톤 운동 시 남성이 두 손과 두 무릎으로 바닥을 잘 짚고 힘을 분산시킬 수 있어야 한다.

- 남성이 여성의 상반신 위로 낮게 엎드리면 밀착감과 지배욕의 쾌감을 높일 수 있다.

10. 남성상위 체위 변형 ⑥ 베개 받치기

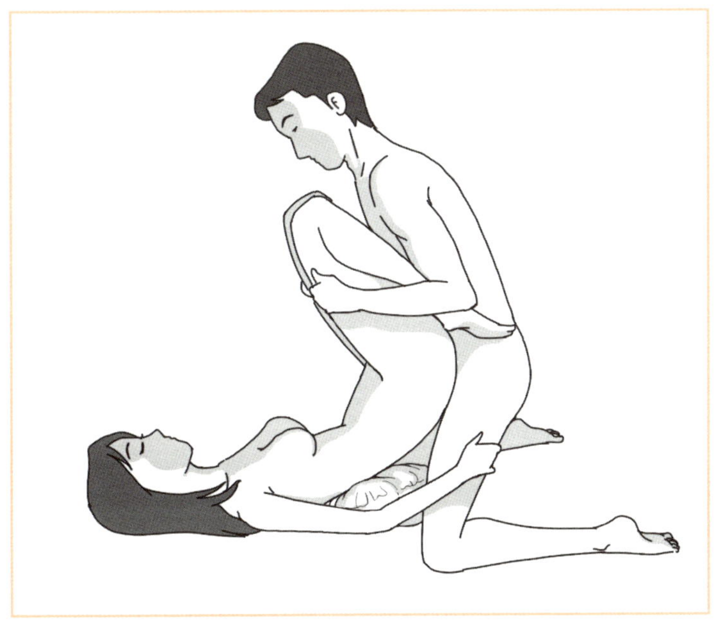

♥♡♥

기본적인 남성상위 체위 혹은 변형 체위를 취하되 여성의 허리나 엉덩이 아래 베개나 쿠션을 받쳐놓는 것이 차이점이다. 여성이 베개를 받치고 누운 체위는 여성의 하체 및 골반의 근육 긴장감을 높여주어 질 근육과 괄약근을 강하게 수축시키는 효과가 있으며 이로 인해 남자의 페니스가 받는 압력감과 쾌감이 높아진다.

① 남성상위 체위를 준비하되 여성의 허리나 엉덩이에 베개를 받치고 여성이 눕는다.

② 남성은 무릎을 꿇은 상태에서 여성의 다리를 끌어안거나 두 손으로 높이 올리거나 어깨에 얹고 삽입한다.

- 여성의 능이나 허리나 엉덩이 아래에 베개를 받치는 자세를 취하면 남성의 페니스를 더 깊이 삽입할 수 있고, 삽입하는 각도에 더 다양한 변화를 줄 수 있다.

- 피스톤 운동 시 남성이 여성의 클리토리스를 적극적으로 애무할 수 있다.

- 여성이 남성의 페니스 사이즈가 상대적으로 작다고 느끼거나, 남성이 여성의 질 근육의 조임이 강하지 않다고 느껴는 경우 이와 같이 베개를 받치면 효과적이다.

- 여성이 두 무릎을 상반신 쪽으로 깊이 구부리면 편하게 자세를 취할 수 있다.

- 남성이 페니스의 각도를 다양하게 바꾸고 골반을 둥글게
움직이면 여성에게 다양한 쾌감을 선사할 수 있다.
- 여성의 하체 근육 긴장감이 높아지는 체위이다.

11. 남성상위 체위 변형 ⑦ 활시위

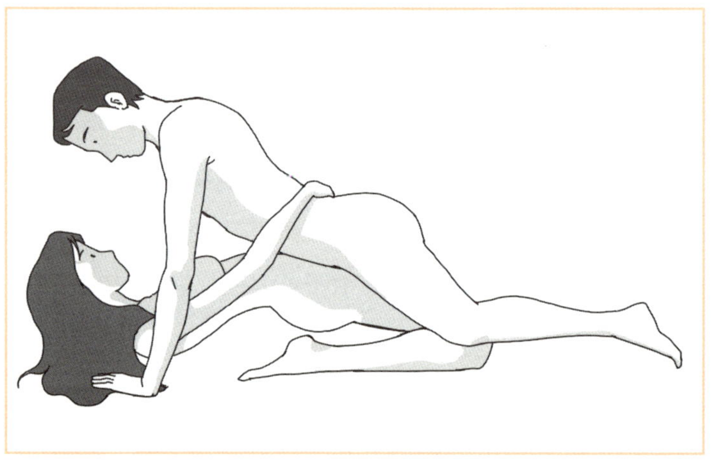

♥♡♥

　다양한 남성상위 체위 중에서 고난이도에 속하는 자세로서, 남성보다 여성의 신체 근력과 유연성을 요하는 다소 어려운 체위이다. 여성이 무릎을 꿇은 채로 뒤로 눕게 되므로 허리가 활시위처럼 팽팽하게 휘어지며 허벅지 위쪽이 강하게 자극된다. 이 과정에서 여성의 질 내부가 좁아져 남성이 받는 쾌감이 높아진다.

① 여성이 먼저 바닥에 무릎을 꿇고 앉았다가 천천히 뒤로 눕는다.

② 남성이 여성의 몸 위에 두 손으로 바닥을 짚고 엎드려 두 무릎으로 지탱하며 삽입한다.

[Good Point]

- 여성의 하체가 팽팽해지고 질 입구가 아래위로 좁게 당겨지므로 남성의 삽입 시 조여지는 쾌감을 강렬하게 해준다.

- 여성의 골반과 허벅지 근육에 힘이 집중되어 질 내부가 수축된다.

- 남성이 여성을 제압하는 느낌을 준다.

- 〈소녀경〉에서는 이 체위를 온몸을 다스리는 자세라 하여 꾸준히 행할 경우 신장과 뼈를 강하게 해준다고 하였다.

[Tip]

- 여성의 허리가 많이 긴장되고 무릎에 무리가 갈 수 있으므로 너무 오래 지속하지 않는 것이 좋고, 허리나 다리에 통증이 느껴지면 다른 체위로 전환한다.

- 남성이 여성에게 몸무게를 실으면 안 되고 마치 페니스만
삽입하는 한다는 느낌으로 전신을 지탱해야 하므로 팔과 등의
강한 근력을 요한다.

12. 남성상위 체위 변형 ⑧ 발목 들어올리기

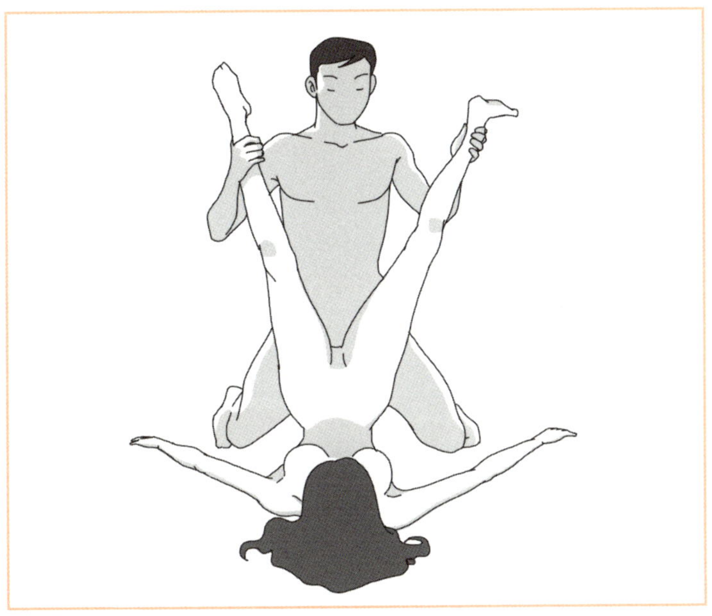

♥♡♥

남성상위 체위 중 고난이도 자세로서, 여성보다 남성의 힘과 능동성이 강하게 요구된다. 남성이 여성의 발목을 붙들고 자유자재로 움직여야 하므로 남성의 근력과 주도권에 거의 전적으로 좌우되는 체위라 할 수 있다. 남성이 여성을 지배하고 이끄는 듯한 쾌감을 극대화시킬 수 있는 자세이다.

① 여성이 바닥에 누운 후, 남성이 바닥에 무릎을 대고 상체를 세운 상태에서 두 손으로 여성의 두 발목을 잡는다.

② 삽입 후 여성의 두 발목을 높이 들어 올리는 상태를 유지한다.

남성이 양 팔의 근력과 손의 악력으로 여성의 발목을 붙잡고 유지한다.

- 여성의 치골과 클리토리스, 지스팟에 가해지는 마찰과 자극이 큰 체위이다.

- 남성의 주도권과 강한 남성성을 발휘할 수 있는 체위이다.

- 여성의 질 입구가 적나라하게 보이므로 여성이 수치심을 느낄 수 있으나 이로 인해 오히려 성적 자극을 높일 수 있다.

- 남성의 페니스 사이즈가 작거나 굵기가 가는 편일 때 단점을 보완하고 여성에게 강한 자극을 제공할 수 있다.

- 여성은 힘을 풀고 있기보다는, 양 팔과 손바닥으로 바닥을

지탱하며 하체의 힘을 적절히 쓰는 것이 좋다.

- 남성이 무릎으로 선 상태에서 허리와 골반을 유연하게 움직여야 하는데, 이때 발끝을 세워 바닥에 짚어두면 움직임에 더 수월해진다.

- 위치를 침대 가장자리로 옮겨 남성이 침대 밖 바닥에 서서 진행할 수 있다.

13. 옵션1)

　남성이 여성의 발목을 잡아 다리를 양쪽으로 활짝 벌린 후 여성의 상체 쪽으로 한껏 밀고 무릎이 90도 가까이 구부러지도록 하면 삽입 감도와 남성의 시각적 자극을 극대화시킬 수 있다.

14. 옵션2)

　남성이 여성의 두 발목을 가운데로 모아 다리를 붙이면 여성의 질이 조여지는 쾌감을 높일 수 있다.

15. 남성상위 체위 변형 ⑨ 브릿지

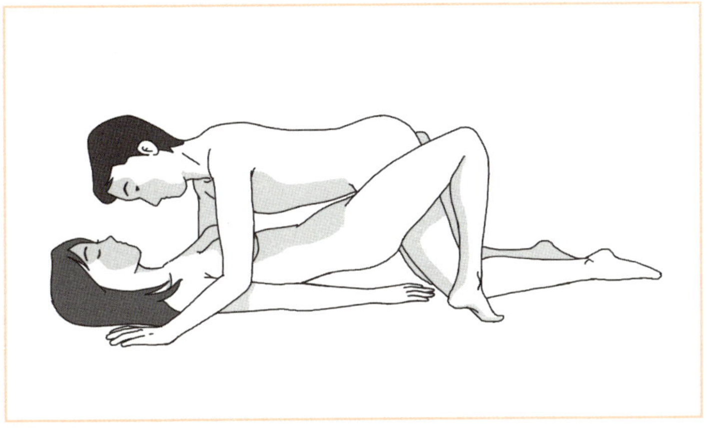

♥♡♥

〈소녀경〉에서 남성의 조루증 예방에 좋은 자세로 추천한 바 있는 이 체위는 기본적인 남성상위 체위에서 여성이 골반을 높이 들어 올린 것이다. 골반을 들고 유지하는 동안 여성의 허벅지, 엉덩이 근육 및 괄약근에 계속적으로 긴장과 힘이 들어가게 되므로 남성의 삽입 감도가 매우 좋다.

① 여성이 바닥에 눕고 남성은 여성 위에 엎드려 양 손으로 바닥을 짚고 유지하는 남성상위 체위를 만든다.

② 이때 여성이 양 무릎을 구부리며 발바닥을 바닥에 대며 양 팔과 손으로 바닥을 밀듯 하여 엉덩이를 높이 들어 올리는 브릿지(다리) 자세를 만든다.

③ 남성이 삽입 후 피스톤 운동을 하는 동안 여성은 엉덩이를 들어 올린 자세를 유지한다.

이때 구부린 양 무릎을 남성의 몸 옆면에 밀착시킨다.

④ 남성이 피스톤 운동을 하는 동안 여성도 골반을 함께 움직인다.

- 여성이 남성의 움직임에 맞춰 골반과 허리 부위를 적극적으로 움직이는 것이 좋다.

- 엉덩이를 들고 있는 동안 여성의 골반과 자궁 부위에 혈액이 몰리고, 엉덩이 근육과 괄약근을 저절로 꽉 조이게 되어, 남성의 페니스에 가하는 쾌감이 커진다.

- 여성의 치골과 클리토리스 마찰이 커져 여성 오르가슴에 도움을 준다.

- 여성이 엉덩이를 올려 지탱하면서 의식적으로 질 근육을
조이는 것을 반복하면 남성과 여성 모두가 더 효과적으로 오
르가슴을 느낄 수 있다.

16. 마주보기 체위

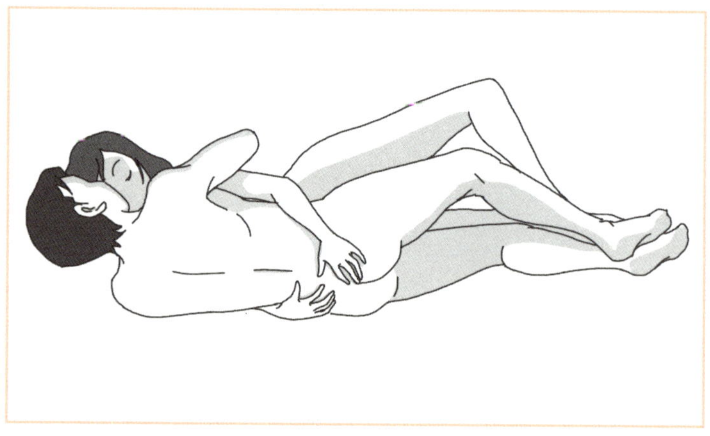

♥♡♥

　남성과 여성이 옆으로 누워 마주본 상태에서 삽입하는 체위로서, 정상 체위(남성상위 체위) 상태에서 남녀가 그대로 옆으로 누운 것이라 할 수 있다. 위쪽에 있는 다리를 원하는 바에 따라 움직여 삽입감에 변화를 줄 수 있다. 여성의 질 입구와 내부가 팽팽해지며 클리토리스 자극도 강해져 남녀가 함께 오르가슴을 경험할 수 있다.

① 남성과 여성이 옆으로 몸을 돌려 서로 마주보고 눕는다.

② 여성이 한쪽 다리는 바닥 위에 쭉 펴고 다른 한쪽 다리는 들어 올려 무릎을 바싹 접거나 남성의 몸통 위로 올린 상태에서, 남성이 여성의 다리 사이로 삽입한다.

③ 팔로 서로를 끌어안거나, 위에 있는 손으로 상대방의 엉덩이를 잡거나 애무한다.

[Good Point]

- 여성의 질 입구가 압력에 의해 좁아지고 클리토리스에 강한 자극을 줄 수 있다.

- 한 손으로 상대방의 성감대를 골고루 애무할 수 있다.

- 남녀 상호 간의 친밀감과 밀착감을 높여준다.

- 서로의 몸을 고루 애무할 수 있어 느긋한 심리적 만족감과 삽입 자체의 쾌감을 동시에 높여준다.

[Tip]

- 삽입 시 남녀가 엉덩이를 움직이거나 다리 위치를 조절하여 서로 협력하면서 삽입하면 도움이 된다.

- 여성이 다리를 위쪽으로 접어 올릴수록 질 입구와 내부가 팽팽하게 좁혀져 남성 삽입 시 쾌감을 높여줄 수 있다.

- 영화 〈색계〉(이안 감독, 양조위, 탕웨이 주연)의 한 장면에 이 체위를 응용한 체위가 등장하는데, 영화에서는 여성의 다리 각도를 극대화시켜 위에 있는 여성의 발목을 남성의 어깨에 올려놓는 자세를 취하였다. 이와 같은 자세의 경우 삽입 시의 남성이 느끼는 감도를 극대화시켜준다. 단, 여성의 신체 유연성이 부족할 경우 허리와 골반에 무리를 줄 수 있으므로 주의한다.

17. 서서 마주보기 체위

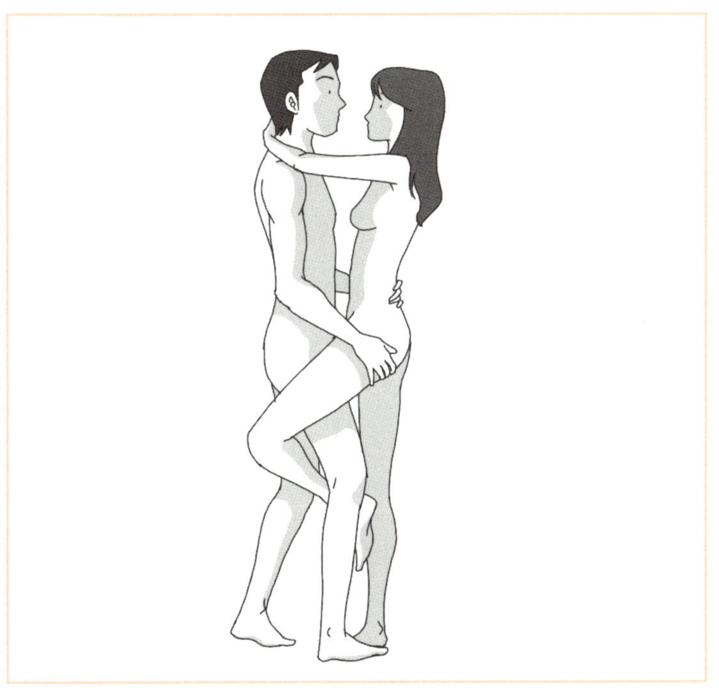

남성과 여성이 서서 마주보는 체위로서, 여성은 벽에 등을 기대고 남성이 여성의 허리와 엉덩이를 잡고 자세를 유지한다. 남성이 여성의 상반신 체중을 어느 정도 감당하면서 아래에서 위쪽 방향으로 강하게 밀어 올리는 것이 관건이다. 주로 영화나 대중매체에서 극중 주인공들이 은밀한 정사를 치를 때 연출해 보이는 대표적인 에로틱 체위이다.

① 여성이 벽에 등을 기댄 상태에서 남성과 여성이 마주보고 서서 포옹한다.

② 여성은 두 팔로 남성의 목을 끌어안는다.

③ 남성은 한 손으로 여성의 허리를, 다른 한 손으로는 여성의 엉덩이를 바싹 끌어당기며 여성의 다리 사이에서 아래에서 위로 삽입한다.

④ 여성은 한쪽 다리를 구부려 남성의 허벅지나 종아리 뒤쪽에 걸고 자세를 유지한다.

- 남성이 주도권을 쥐고 여성을 리드하기 좋은 체위이다.

- 남성이 여성을 벽 쪽으로 밀어붙이듯 강하게 삽입한다. 이때 여성의 양 팔이나 손목을 잡아 벽에 결박하듯이 고정시키면 남성적인 지배욕을 고조시킬 수 있다.

- 여성의 한쪽 다리는 바닥을 짚고 서 있으므로 질 입구가 좁아져 마찰력과 쾌감이 커진다.

- 여성과 키가 비슷하거나 조금 작은 남성의 경우에도 오히려 주도적으로 여성을 리드할 수 있다.

- 여성보다 남성의 주도권 및 골반 움직임이 주가 된다.
- 남성이 여성의 체중을 어느 정도 지탱하듯 해야 한다.
- 남녀 키 차이가 많이 나는 커플은 어렵고, 남녀의 키가 비슷한 커플이 더 원활하게 취할 수 있는 체위이다.

18. 후배위

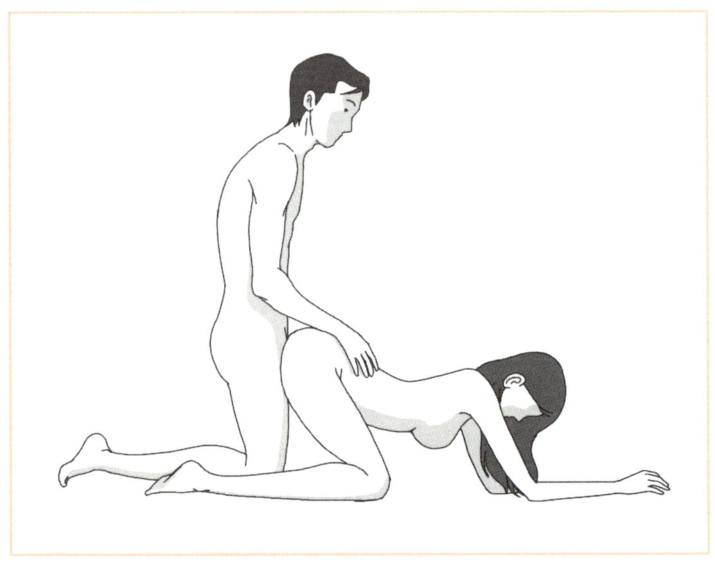

♥♡♥

남녀가 마주보는 체위가 인간만이 취하는 유일한 체위인 반면 후배위는 거의 모든 포유동물들이 짝짓기를 할 때 취하는 자세이다. 그만큼 후배위는 동물적인 본능과 원시성이 가미된 쾌락을 누릴 수 있다. 남성의 페니스가 가장 깊이 삽입되므로 여성의 지스팟이 강하게 자극되어 쾌감이 크고, 남성은 시각적 자극이 커 쾌감을 충족시켜 준다.

① 여성이 무릎을 바닥에 대고 엉덩이를 들며 엎드린다.

② 남성이 여성의 뒤에서 무릎을 꿇고 여성의 엉덩이 사이로 삽입한다.

③ 남성이 여성의 골반이나 엉덩이, 허리 등을 붙잡고 피스톤 운동을 주도한다.

[Good Point]

- 삽입 깊이가 깊고 여성의 지스팟을 강하게 자극하여 극도의 쾌감을 줄 수 있는 체위이다.

- 남성이 여성의 엉덩이와 허리 곡선을 볼 수 있어 여성에 대한 남성의 본능적인 정복욕을 충족시켜 준다.

- 남성이 피스톤 운동의 힘과 속도를 격렬하게 고조시킬 수 있다.

- 남성이 상체를 숙여 여성의 클리토리스나 젖가슴을 애무하면 쾌감을 고조시킬 수 있다.

[Tip]

- 남성이 골반으로 둥글게 원을 그리며 움직이거나, 남성은

움직이지 않고 여성이 엉덩이를 움직이는 등 삽입 방식과 방향, 속도에 다양한 변화를 줄 수 있다.

- 남성이 뒤에서 여성의 손목을 잡고 당기듯 하거나, 여성이 상체를 더 낮춰 팔꿈치나 머리를 바닥에 대면 남성의 시각적 쾌감과 정복욕을 강화시킬 수 있다.

- 남성이 침대 바깥에 서면 삽입의 힘과 각도를 좀 더 자유자재로 제어할 수 있다.

- 여성의 질 내 사이즈에 비해 남성의 페니스 길이가 너무 길 경우 자궁경부를 과하게 찔러 통증을 유발할 수 있다.

또한 전희가 충분히 이루어지지 않거나 섹스 경험이 적은 여성의 경우 통증을 느끼고 정서적 불쾌감을 느낄 수 있으므로 주의한다.

19. 엎드린 후배위

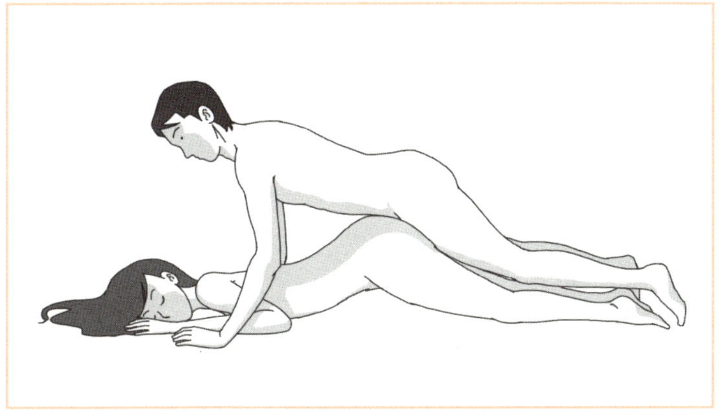

♥♡♥

여성은 바닥에 편안하게 배를 대고 완전히 엎드리고, 남성이 그 위에 바싹 엎드리거나 상체를 일으켜 뒤에서 삽입하는 후배위로서, 여성에게는 지배당하는 느낌과 편안함을 동시에 제공하고 남성에게는 여성을 지배하는 느낌과 성적 쾌감을 고조시켜줄 수 있는 체위이다.

① 여성이 바닥에 완전히 엎드려 눕는다.

② 남성이 그 위에 같이 엎드려 삽입한다.

③ 남성의 다리는 여성의 양쪽 다리 안쪽에 위치하고, 양 손으로는 바닥을 짚어 상체를 지탱한다.

④ 혹은 남성이 손바닥으로 짚고 상체를 일으킨 상태에서, 두 다리를 구부려 양 무릎이 여성의 엉덩이 양쪽 바닥에 닿도록 하여 여성의 엉덩이 뒤에서 삽입한다.

- 여성의 아래쪽에 베개를 받쳐 엉덩이가 위쪽으로 솟게 한 상태로 삽입하면 더욱 깊이 삽입할 수 있고 삽입 감도에 좀 더 변화를 줄 수 있다.

- 〈소녀경〉에서 이 체위에 대해 남성이 '매미가 달라붙듯이' 자세를 취하라고 하였다. 즉 남성이 몸무게를 여성에게 완전히 싣지 않도록 주의한다.

- 이 체위는 페니스를 깊이 삽입하기는 어려운 자세이기 때

문에 피스톤 운동 도중 페니스가 빠질 수 있다. 페니스 길이가
짧은 남성의 경우 여성의 아래쪽에 베개를 받쳐 엉덩이를 솟
아오르게 하면 도움이 된다.

20. 나란히 누운 후배위 : 숟가락 체위

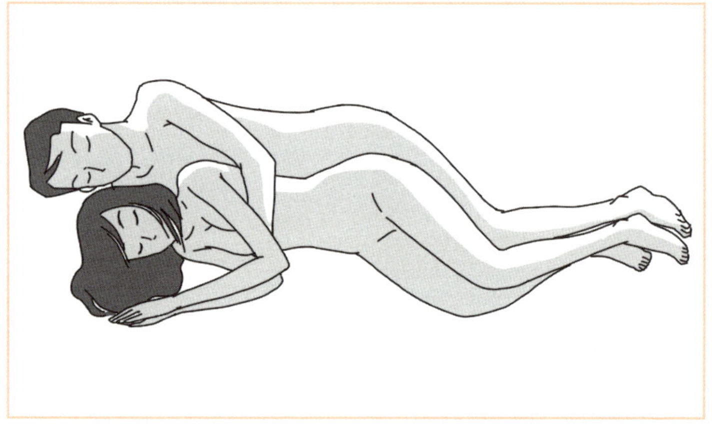

♥♡♥

스푼을 포개 놓은 것 같다 하여 서양에서 '스푼 체위' 라 부르는 이 체위는 남성과 여성이 나란히 한 방향을 보고 누운 상태에서 남성이 여성의 뒤쪽에 누운 상태로 삽입하는 것이다. 후배위 변형으로 선호되는 자세이며 남성이 뒤에서 여성을 끌어안고 잠들 때와 비슷한 느낌을 주어 여성에게 정서적 안정감과 친밀감을 준다.

[How to]

① 남성과 여성이 같은 방향을 향해 나란히 옆으로 눕되 남성이 여성이 등 뒤에 위치한다.

② 여성이 엉덩이를 뒤로 살짝 빼고, 남성이 여성의 엉덩이 뒤에서 삽입한다.

[Good Point]

- 여성이 남성의 품에 안겨 있는 친밀감과 만족감이 높은 체위이다.

- 남녀의 골반의 각도, 여성이 엉덩이를 뒤로 내미는 정도, 다리를 올리는 정도에 변화를 주면 여성의 클리토리스와 지스팟 자극에 다양한 변화를 느낄 수 있다.

- 격렬하게 진행되는 섹스의 완급 조절이 필요할 때 쉬어가듯 이 체위를 취함으로써 남성의 사정을 지연시키고 체력을 재충전할 수 있다.

- 임신부의 배에 무리를 주지 않으므로 임신 부부가 선호하는 체위이다.

- 남성은 위쪽 손으로 여성의 허리를 잡거나 허벅지를 붙잡아 원하는 대로 움직이며 변화를 줄 수 있다.
- 남성이 위쪽 손으로 여성을 두르고 클리토리스나 가슴을 애무할 수 있다.
- 남성의 페니스 길이가 짧을 경우 피스톤 운동 도중 빠져나올 수 있으므로 여성이 엉덩이를 뒤로 더 내민다.
- 남성이나 여성 중 한 사람 혹은 두 사람 모두 뚱뚱할 경우 페니스 삽입이 어렵거나 피스톤 운동을 유지하기가 어려울 수 있으므로 여성이 엉덩이를 뒤로 빼거나 남성이 골반의 각도를 바꾸어 시도한다.

21. 옵션1)

여성의 위쪽 다리를 위로 높이 들거나 남성의 허벅지 위에 얹어 놓는다. 이 상태에서 여성의 양 다리 사이에 남성이 한쪽 다리를 끼워 넣은 상태로 삽입한다.

22. 옵션2)

남성은 두 무릎을 붙여 함께 구부리고, 여성은 위쪽 허벅지를 높이 들어 올리거나 남성의 위쪽 허벅지에 올려놓은 상태에서 삽입한다.

23. 옵션3)

　여성이 상반신만 비틀어 남성의 품에 안기듯이 하여 얼굴이
천장이나 남성 쪽을 향하도록 하고 다리를 살짝 구부린다. 이
상태에서 남성이 여성의 위쪽 허벅지를 들고 여성의 엉덩이
뒤에서 삽입한다.

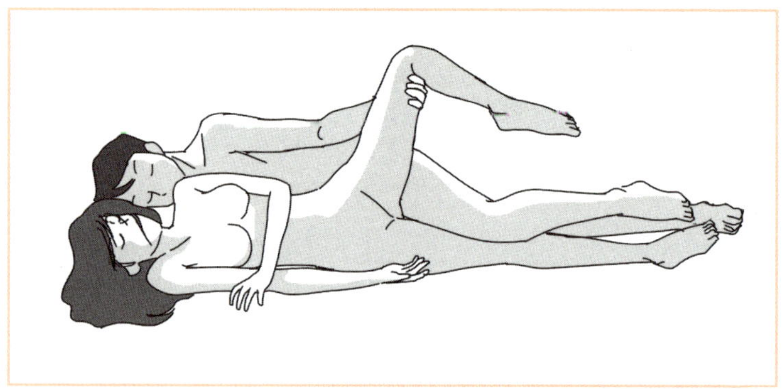

24. 서서 하는 후배위

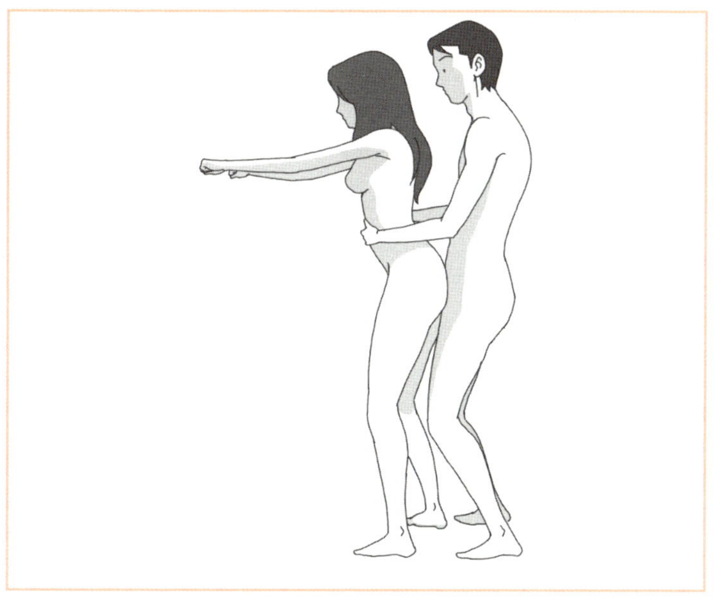

♥♡♥

섹스의 동물성과 야수성을 극대화시키는 후배위의 성격을 좀 더 강화
시킨 체위로서, 남성이 여성을 좀 더 지배하고 제압하는 분위기를 조
성할 수 있다. 그러나 남녀가 모두 서 있다는 점에서 안정감이 떨어지
고 페니스가 쉽게 빠질 수 있으므로 기본 후배위에서 연결하거나 다
른 체위로 연결하는 중간에 활용할 수 있다.

[How to]

① 남성과 여성 모두 일어섰다가 여성이 벽을 향하여 서서 두 손으로 벽(혹은 침대 가장자리, 테이블 등)을 짚는다.
② 여성의 뒤에 남성이 서서 여성의 엉덩이를 잡고 삽입한다.
③ 남성이 여성의 골반이나 허리를 잡고 자세를 안정시킨다.
④ 여성이 두 손으로 벽을 짚고 서거나, 허리를 한껏 숙여 두 손으로 바닥을 짚고 엎드리는 등 상체를 숙이는 정도와 각도를 다양하게 바꿀 수 있다.

[Good Point]

- 남성이 한 손으로 여성의 젖가슴이나 클리토리스를 애무할 수 있다.
- 남성이 여성의 상체를 끌어안으며 당기거나, 여성의 한 팔이나 두 팔을 잡아당기거나, 여성의 한쪽 다리를 들어 올리는 등 다양한 변화를 줄 수 있다.
- 남성이 여성을 강하게 리드하는 체위이다.

[Tip]

- 여성은 엉덩이를 살짝 뒤로 빼듯이 내밀어야 한다.

- 삽입 시 남성이 아래에서 위를 향하듯이 삽입하며 허벅지
와 골반의 힘을 강하게 쓰는 것이 관건이다.
- 여성이 상체를 얼마나 숙이느냐에 따라 페니스 삽입 각도
에 변화를 줄 수 있다.
- 키 차이가 많이 나는 커플의 경우, 남성이 크면 남성이 다
리를 양쪽으로 벌리고 여성이 크면 여성이 다리를 양쪽으로
벌려 높이를 맞춘다.

25. 여성상위 체위 : 기마

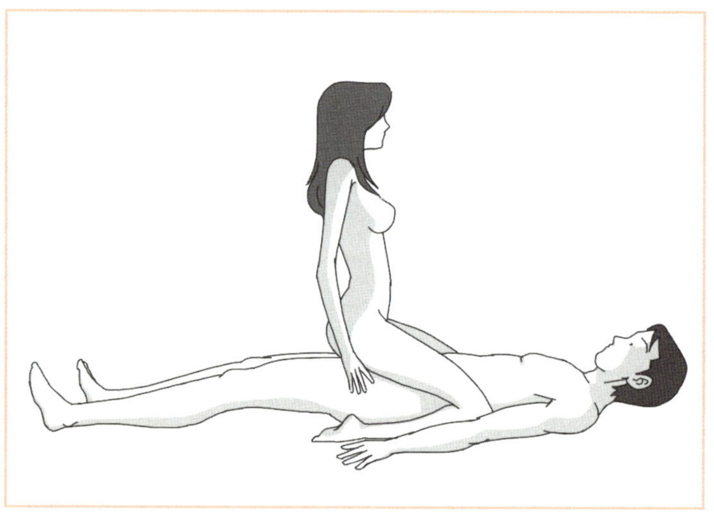

♥♡♥

여성이 남성을 리드하며 쾌감과 흥분을 적극적으로 고조시킬 수 있는 대표적인 체위로 말을 타는 것 같다 하여 흔히 '기마 체위' 라 한다. 여성이 골반을 어떻게 움직이느냐에 따라 클리토리스와 질 내부에 대한 자극의 감도를 무궁무진하게 변화시킬 수 있고 오르가슴을 원하는 대로 제어할 수 있다. 여성의 젖가슴을 남성이 감상할 수 있는 가장 적절한 체위이다.

① 남성이 바닥에 바로 누운 후, 그 위에 여성이 걸터앉아 무릎과 정강이를 바닥에 대고 남성의 페니스를 삽입한다.

② 여성이 말을 타는 것처럼 엉덩이를 위아래로 리드미컬하게 움직이거나, 골반을 앞뒤 좌우로 움직이거나 둥글게 원을 그리는 등 움직임에 변화를 준다.

[Good Point]

- 남성은 여성의 젖가슴을 감상하거나 손으로 애무할 수 있다.

- 여성이 원하는 대로 골반을 움직여 클리토리스를 마찰시키고 질 내부를 다양한 방향으로 골고루 자극할 수 있다.

- 여성의 리드 하에 스스로 쾌감을 고조시키고 오르가슴에 도달할 수 있다.

- 남녀 키 차이가 많이 나는 커플도 불편 없이 진행할 수 있다.

- 단조로운 피스톤 운동만 고집하는 남성, 일방적으로 질주하는 남성, 너무 빨리 사정하려 하는 남성의 경우, 여성이 여성 상위 체위로 남성을 리드함으로써 속도를 제어하거나 변화를 줄 수 있다.

- 여성이 허벅지 근력을 많이 써야 하고 피스톤 운동을 주도해야 하므로 초보인 여성의 경우 처음에는 서툴 수 있다. 남성을 깔고 앉지 말고 엉덩이를 살짝 떼듯 움직여야 한다.

- 여성이 양쪽 허벅지를 남성에게 밀착시키며 허리와 골반을 물결치듯이 리드미컬하게 움직이는 것이 관건이다.

- 여성이 골반을 움직일 때 남성이 아래에서 골반을 움직이며 피스톤 운동을 함께 하면 도움이 된다.

26. 옵션1)

남성과 두 손을 마주잡으면 안정감과 친밀감을 높일 수 있다.

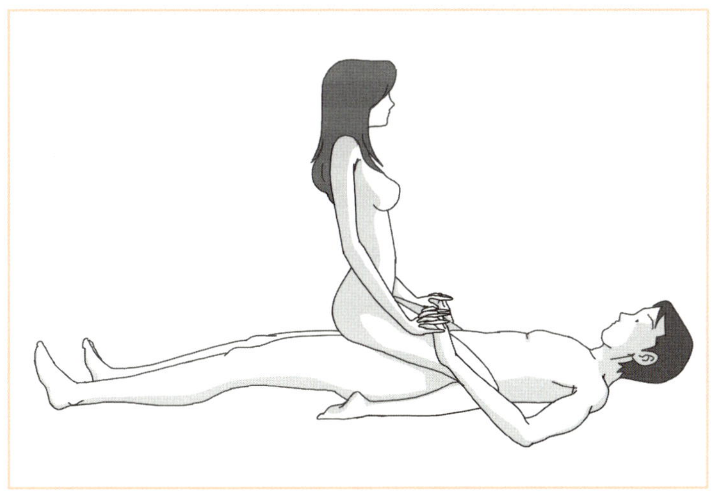

27. 옵션2)

여성이 상반신을 앞으로 깊이 숙여 남성의 상체 위에 바싹 엎드리고 허벅지를 밀착시키면 클리토리스 마찰을 강화시킬 수 있고, 몸을 낮출수록 페니스를 깊이 삽입할 수 있다. 이때 남성이 여성의 엉덩이를 붙잡고 애무하거나 움직임을 도와줄 수 있다.

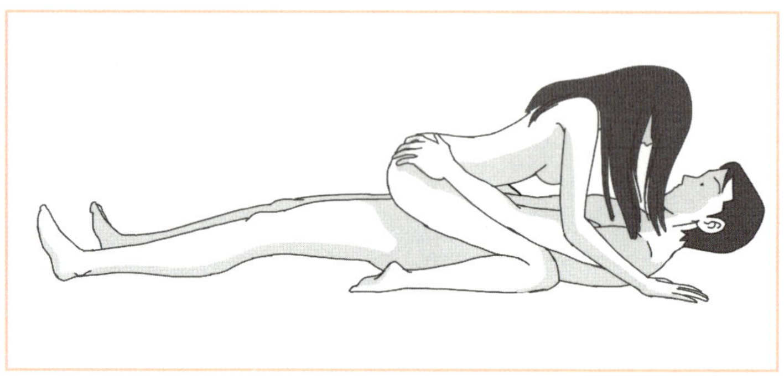

28. 옵션3)

남성이 여성의 골반이나 허리를 붙잡아 상반신을 받쳐주면 여성의 동작의 안정감을 높일 수 있다. 이때 남성이 손으로 여성의 허리를 움직이며 살짝 리드해줄 수 있다.

29. 옵션4)

남성이 두 손으로 등 뒤 바닥을 짚으며 상반신을 살짝 일으
킨다. 이때 남성이 여성과 리듬을 맞추어 허리와 골반을 움직
일 수 있다.

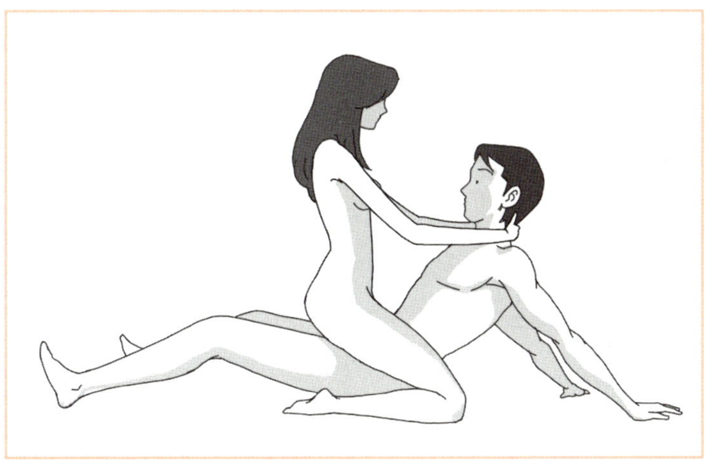

30. 옵션5)

여성이 상체를 뒤로 한껏 젖히고 두 손으로 바닥 혹은 남성의 다리를 짚는다. 이때 남성이 여성의 클리토리스를 애무할 수 있다.

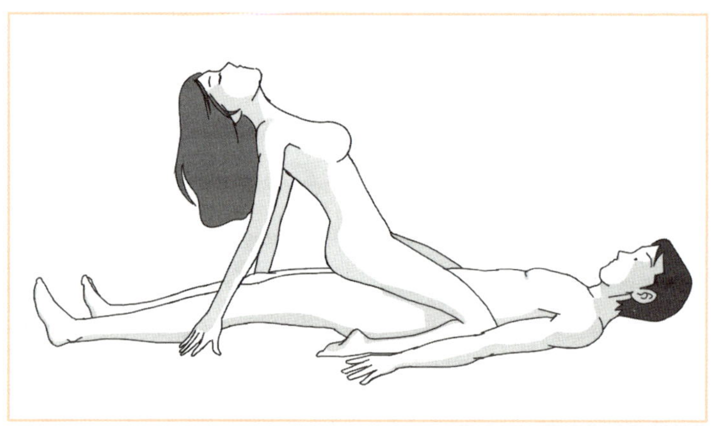

31. 여성상위 체위 변형 ① 개구리

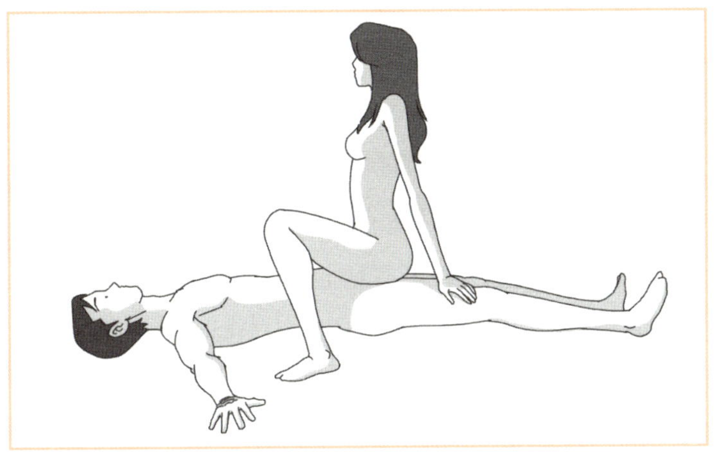

♥♡♥

기본적인 여성상위 체위(기마 체위)가 무릎과 정강이를 바닥에 대는 것이라면, 이 체위는 정강이가 아닌 양쪽 발바닥으로 바닥을 받치고 남성 위에 앉는 것이다. 여성의 주도권이 좀 더 강화되는 체위로서 여성의 하체 근력, 특히 허벅지 근육의 힘과 지구력, 그리고 능숙함이 좀 더 요구된다.

[How to]

① 기본적인 여성상위 체위와 같이 먼저 남성이 바닥에 반듯하게 눕는다.

② 여성이 남성의 위로 올라가 걸터앉되 발바닥을 바닥에 대고 온몸의 체중을 지탱한다.

③ 남성의 페니스를 삽입한 후 엉덩이를 위아래로 움직이거나 골반을 둥글게 회전하며 방향과 각도와 마찰의 정도에 변화를 준다.

[Good Point]

- 여성이 골반을 더욱 적극적으로 격렬하게 움직일 수 있다.
- 여성의 리드 하에 오르가슴을 이끌어내므로 남성은 체력소모가 적은 가운데 쾌감이 고조되는 것을 느낄 수 있다.
- 〈소녀경〉에서는 남성의 기를 강화시키고 여성의 월경불순을 개선시키는 체위라 설명한 바 있다.

[Tip]

- 여성의 하체 근력과 지구력이 많이 요구되어 여성상위 체위에 서툰 여성들은 오래 지속하기 어려운 경우가 많다.
- 골반의 움직임에 다양한 변화를 주고 리듬을 타야 한다.
- 남성과 손을 마주잡고 살짝 체중을 실으면 좀 더 쉽게 진행할 수 있다.
- 상하운동의 리듬을 타지 못할 경우 남성의 페니스가 중간에 빠져나올 수 있으므로 좌우나 원운동 위주로 한다.

32. 여성상위 체위 변형 ② 옆으로 앉기

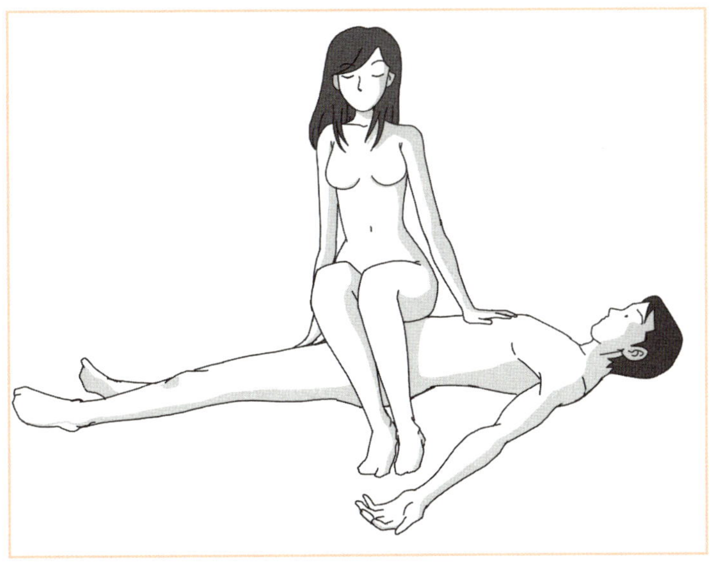

♥♡♥

여성상위 변형 체위 중 하나로 여성이 발바닥을 바닥에 대고 지탱하되 옆으로 돌아앉아 진행하는 체위이다. 여성의 두 발 모두 남성의 몸통 측면에 위치하며 남성은 여성의 옆모습을 볼 수 있다. 남성의 페니스가 여성의 측면에서 삽입되므로 자극 받는 부위가 평소와 달라져 색다른 자극을 받을 수 있다.

① 여성이 양쪽 발바닥을 바닥에 대고 남성의 몸 위에 앉은 상태에서 그대로 몸을 돌려 옆으로 돌아앉는다.

② 페니스 삽입 후 자세를 안정시키고 골반을 전후좌우와 원 모양 등 다양한 방향으로 움직인다.

- 페니스 삽입 깊이가 깊어질 뿐만 아니라 여성의 측면에서 삽입되므로 평소와 자극의 느낌이 달라진다. 특히 여성의 지 스팟 및 자궁경부 근처를 고루 자극할 수 있다.

- 여성상위 체위에 서툴거나 섹스 경험이 적은 여성보다는 경험이 풍부하고 자신의 성감을 잘 아는 여성이 남성을 리드 하며 오르가슴을 이끌어내기 좋은 자세이다.

- 여성이 한 손으로 남성과 손을 잡거나, 두 손으로 자연스럽 게 남성의 하체와 상체를 받치면 안정적으로 진행할 수 있다.

- 남성은 손으로 여성의 허리를 받쳐주거나 여성의 젖가슴을 옆에서 애무해줄 수 있다.

- 이 체위를 포함한 여성상위 체위 도중 여성이 상하운동을 강하게 하며 움직일 경우 자칫 잘못하면 남성의 페니스가 빠져버리거나 경직된 페니스를 위에서 누르는 과정에서 남성이 페니스 골절상을 입을 수 있으므로 주의한다.

33. 여성상위 체위 변형 ③ 다리 벌려 앉기

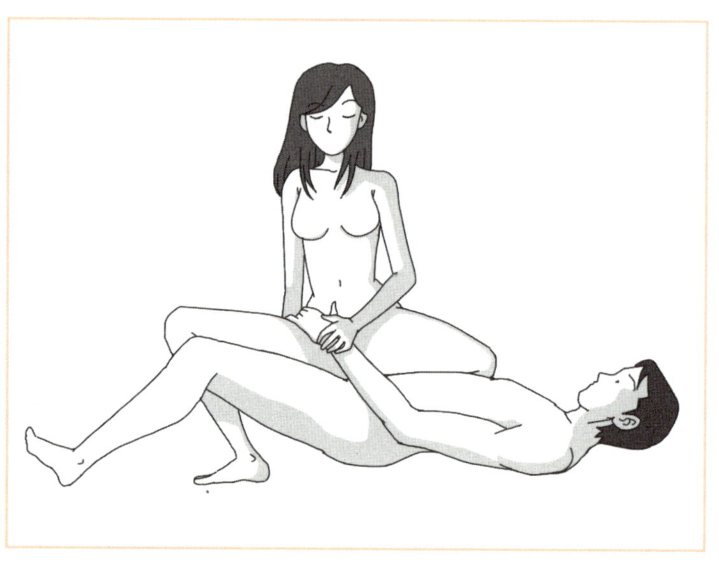

♥♡♥

여성상위 체위 중 매우 고난이도의 체위로 여성이 취하는 자세 자체
가 매우 적극적이고, 자극 범위도 다양해진다. 여성상위 체위이지만
여성을 애무하거나 보조하는 남성의 역할이 커진다. 여성의 허벅지 근
육과 허리를 많이 써야 하므로 체력 소모가 커 여성상위 체위에 능숙
한 여성이 시도할 수 있다.

① 여성상위 체위 중 발바닥을 바닥에 대고 몸통을 옆으로 돌려 앉았다가 다리를 양쪽으로 넓게 벌린다.

② 남성은 두 다리를 적당히 벌려 무릎을 살짝 굽힌다.

③ 여성이 다리를 양쪽으로 최대한 벌려 한쪽 발은 남성의 두 다리 사이에, 다른 한쪽 발은 남성의 겨드랑이 옆이나 어깨 옆에 둔다.

④ 여성이 한 손으로 남성과 손을 잡고 다른 한 손으로 남성의 허벅지나 무릎을 짚어 자세를 안정시키며 골반을 움직인다.

[Good Point]

- 여성이 다리를 한껏 벌린 상태에서 상하운동을 하거나 골반으로 원을 그리며 움직여야 하므로 허벅지와 하체 근력이 많이 소모된다.

[Tip]

- 남성이 여성과 리듬을 맞춰 골반을 함께 움직여준다.
- 남성이 여성의 허리나 허벅지를 잡아주면 도움이 된다.
- 남성이 손으로 여성의 클리토리스나 가슴, 엉덩이를 애무하는 등 온몸의 성감대를 골고루 자극할 수 있다.

34. 마주앉은 체위

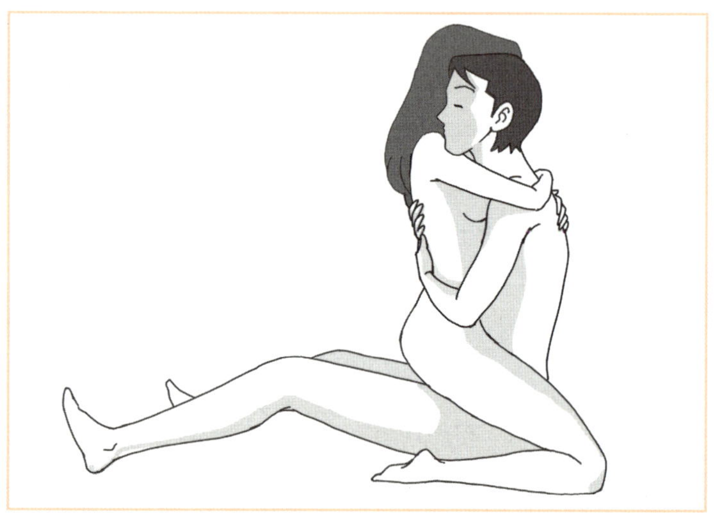

남녀가 서로 얼굴과 눈을 마주보며 포옹한 상태에서 삽입한 체위로 서로의 밀착감과 애정, 안정감이 가장 높은 체위이다. 남성이 여성의 체중을 감당해야 하므로 격렬한 피스톤 운동은 어려우나 느긋한 마찰과 다양한 각도의 자극에 적합하고 남성과 여성 모두 편안함을 느낄 수 있다.

① 먼저 남성이 바닥에 앉은 후, 그 위에 여성이 다리를 벌리고 남성과 얼굴을 마주보고 앉는다.

② 여성은 무릎을 굽혀 정강이가 바닥에 닿게 하거나 무릎을 세워 발바닥이 바닥에 닿게 하고, 두 팔을 남성의 목 뒤로 둘러 끌어안는다.

③ 남성은 양 무릎을 적당히 벌리고 여성의 상체를 끌어안는다.

- 난이도가 낮고 체력 소모가 적으며 정서적 안정감을 강하게 준다.

- 페니스를 깊이 삽입한 상태에서 골반 움직임에 따라 여성의 질 내부를 다양한 방향에서 자극할 수 있다.

- 여성의 클리토리스를 강하게 마찰시킬 수 있다.

- 키스를 하거나 남성이 여성의 젖가슴을 입으로 애무하는 등 자유로워진 손으로 성감대를 고루 자극할 수 있다.

- 이 체위에서 남성이 상체를 앞으로 숙이면 남성상위 체위, 여성이 앞으로 숙이면 여성상위 체위가 된다. 여성만 뒤돌아 앉은 체위, 남녀가 함께 옆으로 눕는 체위로 연결할 수 있고,

여성이 뒤돌아 앉은 후 남성이 앞으로 숙이면 후배위로 연결
된다.

- 여성이 허벅지에 힘을 주어 골반을 움직이고 남성도 리듬
을 맞춰 허리를 움직인다.
- 남성이 다리를 양쪽으로 벌리고 여성을 바싹 당길수록 페
니스를 더 깊이 삽입할 수 있다.
- 남녀의 성기가 서로 왕복하는 모습을 내려다보면 시각적
자극을 고조시킬 수 있다.

35. 옵션1)

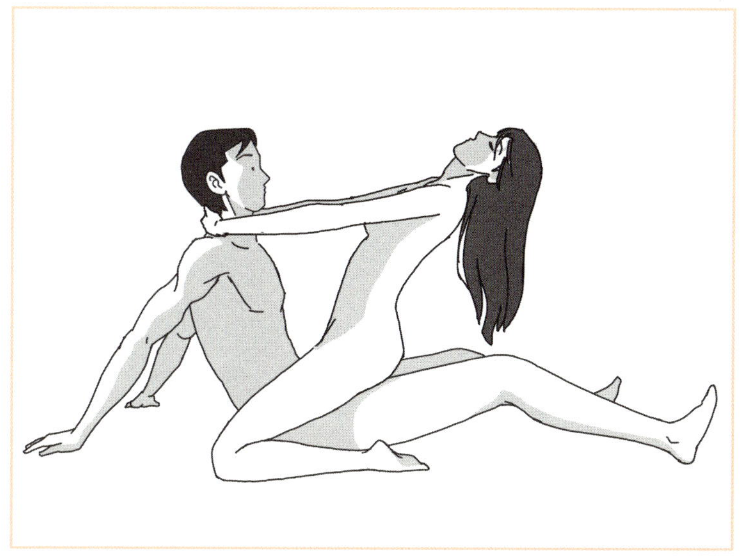

　여성이 남성의 목을 끌어안거나 남성과 두 손을 잡고 상체를 뒤로 젖힌다. 이 상태에서 여성이 골반과 엉덩이를 골고루 움직이면 질 내 자극이 풍부해진다.

36. 옵션2)

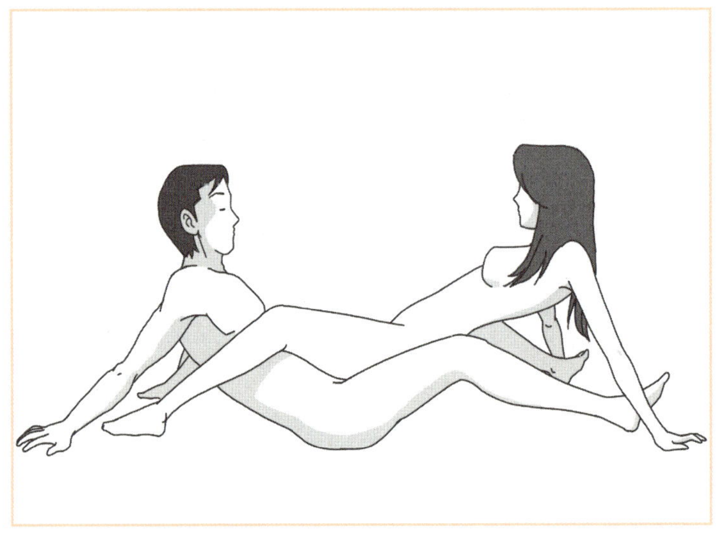

　남성과 여성이 둘 다 상체를 뒤로 젖혀 두 손으로 바닥을 짚고 지탱한다. 남녀가 동시에 골반을 움직여 마찰 강도를 높인다.

37. 옵션3)

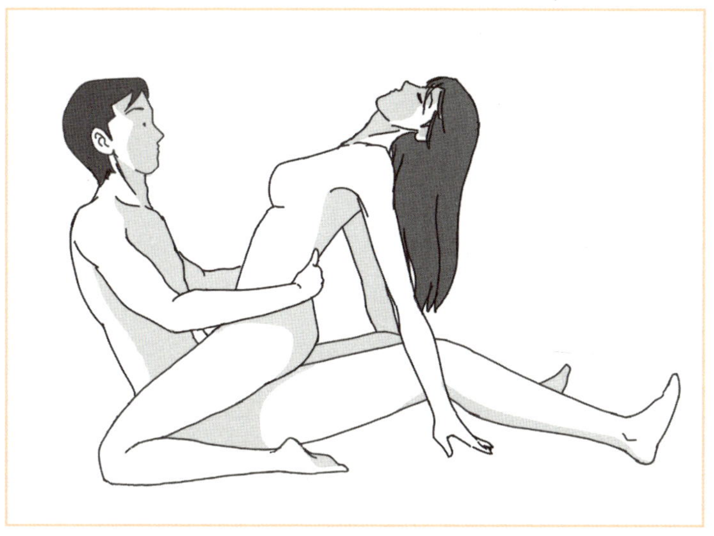

　여성이 상체를 뒤로 젖혀 두 손으로 바닥을 짚고, 남성은 두 손으로 여성의 허리를 붙잡아 자세를 안정시킨다. 남녀가 함께 골반을 움직이며 삽입의 정도와 각도에 변화를 줄 수 있다.

38. 옵션4)

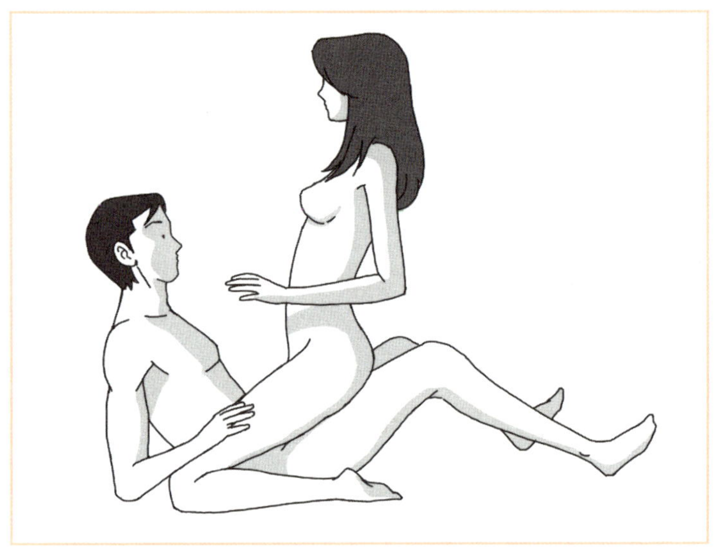

　남성이 상체를 뒤로 젖혀 두 손이나 팔꿈치로 바닥을 짚고
반쯤 누운 후, 한쪽 손으로 여성의 허벅지를 잡거나 클리토리
스를 애무한다.

39. 옵션5)

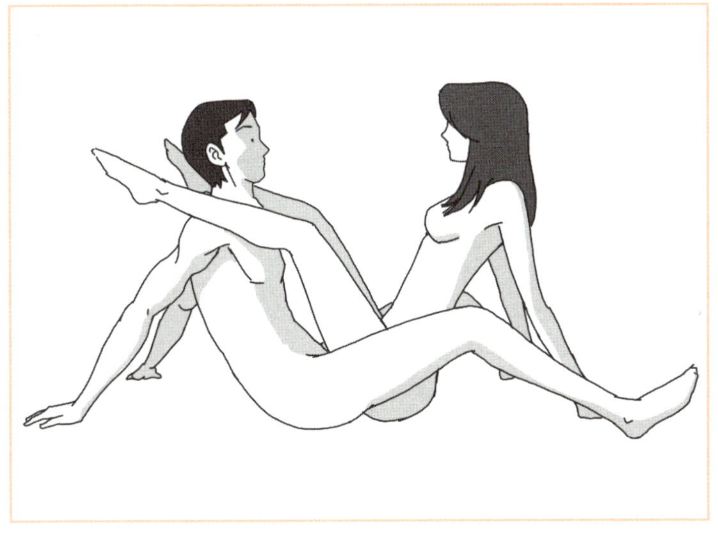

　여성이 상체를 뒤로 젖혀 두 손으로 바닥을 짚은 상태에서, 두 다리를 들어 올려 남성의 어깨에 올려놓는다. 이때 남성도 상체를 뒤로 살짝 젖혀 두 손으로 바닥을 짚는다. 남성과 여성이 자신의 팔로 균형을 맞춰야 하는 고난이도 동작이나 페니스 자극이 깊어지는 효과가 있다.

40. 뒤돌아 앉은 체위

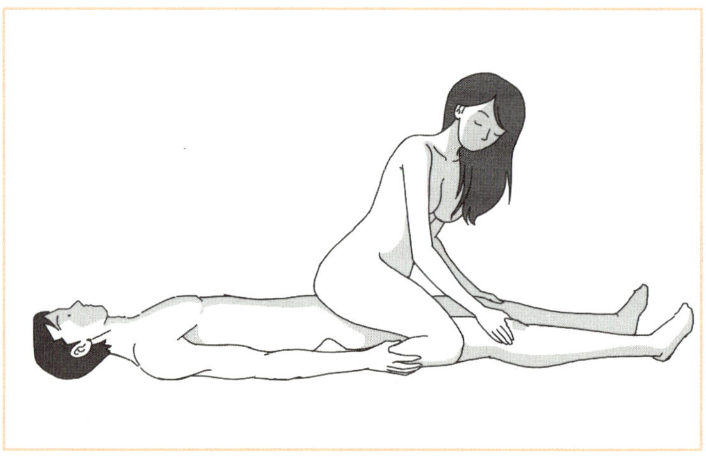

기본적인 여성상위 체위에서와 여성이 남성 위에서 적극적으로 움직임을 리드하는 체위이지만 여성의 엉덩이와 페니스가 서로 왕복운동하는 모습을 남성이 내려다볼 수 있어 남성을 위한 시각적 쾌감이 매우 크다.

40. 뒤돌아 앉은 체위

① 남성은 바닥에 바로 눕고, 여성이 남성 위에 다리를 벌리고 앉되 시선이 남성의 하체를 향하도록 뒤돌아 앉는다.

② 여성은 무릎이 바닥에 닿도록 하고, 상체를 살짝 앞으로 숙여 두 손으로 바닥을 짚거나 남성의 다리를 붙잡고 지탱한다.

③ 남성은 완전히 누워있거나 팔꿈치로 바닥을 짚고 상체를 살짝 일으켜 여성의 엉덩이를 볼 수 있다. 이때 여성의 엉덩이, 가슴, 클리토리스를 애무할 수 있다.

[Good Point]

- 여성의 지스팟이 강하게 자극되는 체위이다.

- 여성상위 체위와 마찬가지로 여성이 주도적으로 움직이며 남성을 리드해야 한다.

- 여성의 엉덩이 및 엉덩이 사이에서 페니스가 왕복 운동하는 모습을 남성이 적나라하게 감상할 수 있어 남성에게 제공하는 시각적 쾌감이 크다.

- 〈소녀경〉에서는 이 체위에서 여성의 엉덩이가 오르내리는 모습이 마치 옥토끼가 자신의 털을 고르는 모습과 같다고 비유하였다.

- 남성은 여성의 허벅지나 골반을 붙잡거나 엉덩이를 애무한다.

- 여성이 주도적으로 움직여야 하므로 여성의 하체 및 허벅지 근력이 필요하다.

- 여성은 골반을 상하좌우로 고루 움직이되, 상하운동이 격해질 때 남성의 페니스가 빠질 수 있으므로 주의한다.

- 여성이 손으로 남성의 고환이나 회음부를 어루만지듯이 애무하면 남성의 쾌감이 고조된다.

41. 옵션1)

　여성이 상체를 앞으로 완전히 숙이고 바싹 엎드린 후, 남성의 양쪽 발목을 붙잡거나 발목 사이에 있는 바닥을 손바닥으로 짚는다. 이 상태에서 골반을 원운동 하듯이 골고루 움직인다.

42. 옵션2)

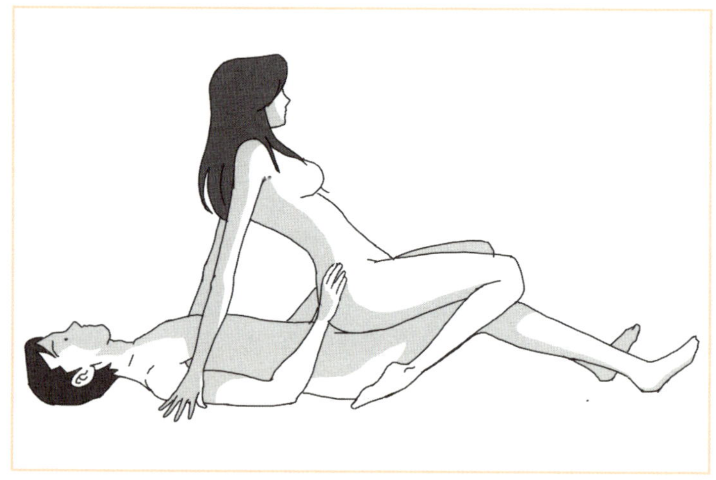

　여성이 상체를 뒤로 한껏 젖혀 두 손으로 남성의 상체를 짚고 자세를 유지한다. 이때 남성은 두 손으로 여성의 골반이나 허리를 잡아 자세 안정을 도와준다. 혹은 한 손으로 여성의 가슴을 애무할 수 있다. 또한 이 상태에서 여성이 남성의 상체 위로 완전히 누울 수도 있다. 단, 여성이 누울 경우에는 남성의 페니스가 빠질 수 있으므로 주의한다.

43. 옵션3)

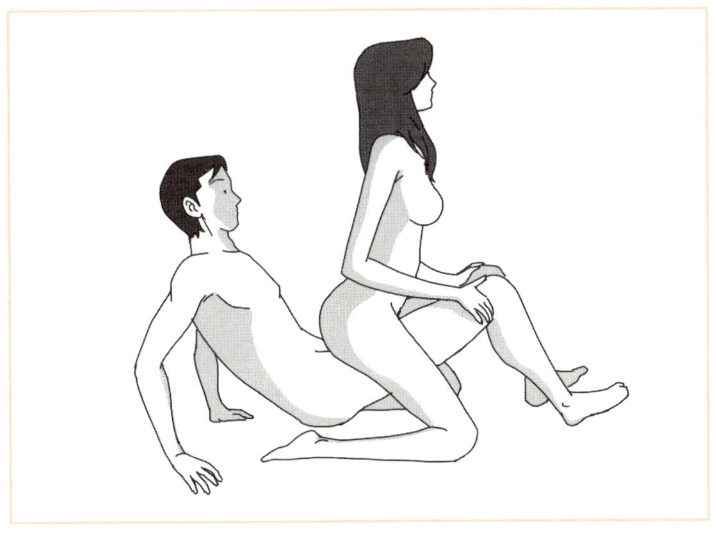

　남성이 두 손이나 팔꿈치로 바닥을 짚고 상체를 일으키고, 무릎을 구부리거나 다리를 모은다. 여성은 상체를 살짝 앞으로 숙여 두 손으로 바닥이나 남성의 다리를 짚고 지탱한다. 이 상태에서 남녀가 함께 허리와 골반을 움직인다.

44. 옵션4)

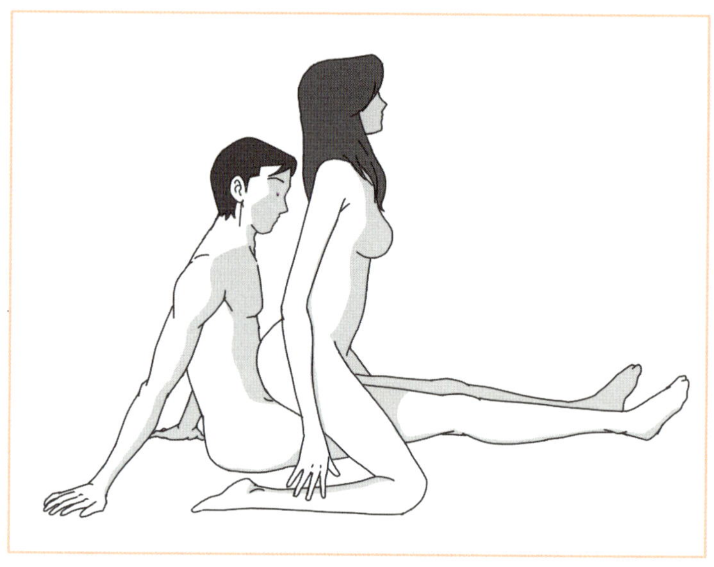

　남성이 완전히 상체를 일으켜 앉는다. 이렇게 하면 남성 위에 여성이 앉아 남녀가 같은 방향을 바라본 상태가 된다. 남성은 등 뒤 바닥을 손바닥으로 짚고, 여성은 무릎과 정강이를 바닥에 댄다. 남녀가 골반을 함께 움직이거나, 남성이 한 손으로 여성의 클리토리스와 가슴을 애무할 수 있다.

45. 69체위

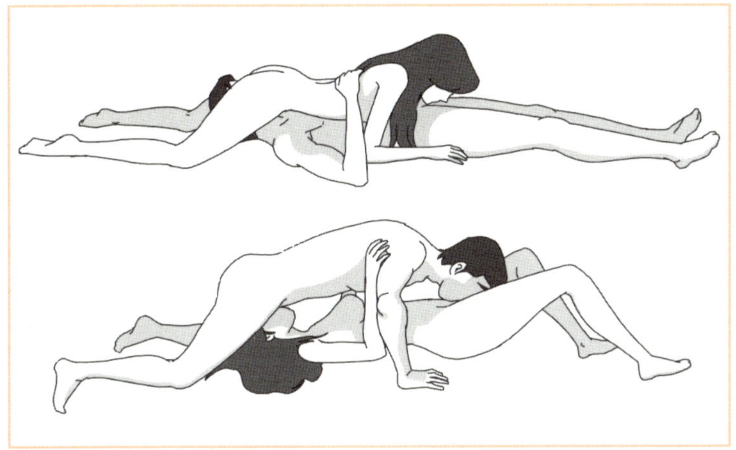

♥♡♥

다른 체위들이 삽입 섹스를 위한 체위라면 69체위는 유일하게 페니스 삽입이 아닌 오럴섹스를 위한 체위이다. 흔히 섹스의 전희 단계에서 삽입 전에 거치는 경우가 많으며, 남성의 쿤닐링구스 기술과 여성의 펠라티오 기술이 비슷하게 좋을수록 장점이 드러나는 체위이기도 하다.

[How to]

① 남성과 여성이 머리를 반대 방향으로 하여 남성은 여성의 성기에, 여성은 남성의 성기에 머리를 위치시킨다.

② 여성이 바닥에 눕고 남성이 두 손으로 바닥을 짚고 여성 위에 오거나, 남성이 바닥에 눕고 여성이 남성 위에 오는 2가지 방법이 있다.

[Good Point]

- 남녀가 상대방의 성기를 동시에 애무하는 가장 보편적인 체위이다.

- 오럴섹스의 장점과 섹스의 동물적인 성격을 가장 극대화시키는 자극적인 체위이다.

[Tip]

- 상대방의 성기를 단순히 핥거나 빠는 것만으로는 어느 한 쪽이 불편함을 느끼거나 쾌감이 오히려 반감될 수도 있으므로 오럴섹스의 기본적인 테크닉을 충분히 익힌 상태에서 이 체위를 시도하는 것이 좋다.

- 한 가지 체위로만 너무 오래 피스톤 운동을 하면 남성이 사정의 타이밍을 조절하기 어렵다. 과시하듯 체위를 너무 자주 바꿔서도 안 되지만, 너무 한 가지 체위만 단조롭게 고집하는 것도 섹스의 즐거움을 모르는 것이다.

- 다양한 체위를 시도하며 파트너와 함께 새로운 즐거움을 추구하는 것은 좋지만, 어느 한쪽이 일방적으로 강요하는 것은 즐거움을 망치는 이기적인 행동이다. 배우자나 파트너를 실험도구 취급해서는 안 된다.

- 얼마나 많은 체위를 알고 있느냐보다는 천천히 파도가 치듯이 리듬을 탈 줄 아는 것과 깊은 호흡을 할 줄 아는 것, 끝을 향해 질주하지 말고 도중에 잠시 멈춰 긴장을 조절하고 친밀감을 즐기는 것이다.

- 남성이 피스톤 운동 중간 중간에 왕복운동을 멈추고 여성을 애무하면 사정을 컨트롤하고 완급을 조절할 수 있다.

- 삽입의 포인트는 빠르고 강한 왕복운동이 아니라 리듬을 타는 것이다. 느리고 깊은 삽입과 빠르고 얕은 삽입을 번갈아한다.

섹스의 재발견 **벗겨봐**
실전편

| **초판 1쇄** 인쇄 | 2014년 11월 20일 | **6쇄** 발행 | 2022년 05월 22일 |
| **1쇄** 발행 | 2014년 12월 05일 | **7쇄** 발행 | 2023년 11월 27일 |

지은이   양우원
발행인   이용길
발행처   **모아북스**
          MOABOOKS

관리   양성인
디자인   이룸

출판등록번호   제 10-1857호
등록일자   1999. 11. 15
등록된 곳   경기도 고양시 일산동구 호수로(백석동) 358-25 동문타워 2차 519호
대표 전화   0505-627-9784
팩스   031-902-5236
홈페이지   www.moabooks.com
이메일   moabooks@hanmail.net
ISBN   978-89-97385-53-9   13590